ANDALUCIA
ESTUDIOS DE GEOGRAFIA AGRARIA

31430

Al primer aniateño,
alma y vida de las I
Jornadas de Estudios de
Ronda y su Comarca,
Antonio Marquez, con todo
el afecto de su buen amigo,
y un gran abrazo

[firma]

oct. 1979

¡Ojalá, te pueda servir de
algo!

¡Por favor, no tengas muy
en cuenta las erratas!

JOAQUIN BOSQUE MAUREL

ANDALUCIA
ESTUDIOS DE GEOGRAFIA AGRARIA

Aljibe

Aljibe

Presidente: Constanza Fernández Moreno
Director literario: Antonio Ramos Espejo
Diseño: Julio Juste

ALJIBE. Granada.
Colección: ANDALUCIA LIBRE
Pol. Cartuja, p. 42, 1ª 3º
Depósito Legal: Gr. 266/1979
I.S.B.N.: 84-300-1054-8
Composición: Victor Carmona Villaespesa
Montaje: Ramón Blanco Gómez
Fotomecánica: Ramón Aparicio Valdivieso
Máquina: Manuel Sánchez Burgos
Imprime: Gráficas Solinieve S.A.
Ricardo del Arco, 2-GRANADA
Distribución: Alfonso Gallego,
Librería Galileo, Avenida de
Andaluces, 1. GRANADA.

Introducción

A nivel científico sobre todo, pero también a nivel popular, Andalucía constituye hoy un ejemplo casi paradigmático del subdesarrollo y del desequilibrio a que se encuentran sometidas ciertas regiones españolas. Un subdesarrollo y un desequilibrio que, con raices profundas y bastantes antiguas, se ha acentuado, tras la Guerra Civil, a consecuencia de los profundos cambios sufridos por la sociedad española durante las últimas décadas, a partir del Plan de Estabilización de 1959.

Con todo lo que puede haber de discutible o mal conocido en el nacimiento y en la formación de Andalucía como región en la unidad nacional, ni ahora, ni tampoco en el pasado inmediato, se discute, ni se ha discutido, la realidad regional andaluza, cuya personalidad, original y varia, resalta en el complejo mosaico de las nacionalidades y las regiones que componen España.

La originalidad de Andalucía se nutre de un pasado histórico complicado y difícil que, a lo largo muchos siglos, ha transformado un solar físico diverso pero específico, típicamente mediterráneo tanto en sus elementos naturales como en su evolución humana. Su fruto ha sido un paisaje mediterráneo típico y una sociedad cargada de siglos, plena de problemas y en profunda transformación.

Precisamente, en esta transformación que hunde sus raices en su complejo pasado y que, en gran medida, resulta de su, a la vez, privilegiada y contradictoria situación, el hecho reciente más vivo y más acuciante es su relativa depresión económica. Con ello, la originalidad física y humana de Andalucía se ha complementado, incluso llegando a ocupar el lugar más relevante, al menos por lo agobiante de su problemática, con su situación de subdesarrollo, cada vez más difícil de resolver y no sólo por sus condicionamientos económicos, sino, sobre todo, por su profundidad política.

El pasado y el presente, tan diferentes en superficie pero tan parecidos en profundidad, son así la base de la sustancia regional de Andalucía, el fundamento de su identidad. Pero, es indudable que ese pasado como este presente si han hecho - y quizás en fechas no muy lejanas - la unidad, al menos, geográfica de Andalucía, también han contribuido a su diversificación, a una fuerte variedad dentro de una profunda unidad. En esa variedad, a la vez física e histórica, pero cada vez más económica, la oposición entre las dos viejas Andalucías, la Alta y la Baja, la Oriental y la Occidental, la de las Cordilleras y la del Guadalquivir, es más y más intensa y mejor definida.

Cuanto antecede es el fundamento, en principio, de cuanto sigue. Sobre esa base y con una línea de conducta de ella dependiente, se han realizado los diferentes trabajos aquí recogidos. Una serie de trabajos que, con otros muchos, han resultado de cerca de treinta años de vida, de docencia y de investigación en Andalucía, y más concretamente en Granada y en la Andalucía de la que es centro geográfico.

Sin duda, la diversidad será una de las características relevantes de cualquier investigación que pretenda ser fiel reflejo de la realidad geográfica andaluza. Sin embargo, y hoy más que en el pasado, en esa variedad existe un hilo conductor, el derivado de que Andalucía es una vieja sociedad rural y que, en la actualidad, su nivel de desarrollo está en íntima dependencia de su predominio agrario. Por ello, los trabajos recogidos son, en esencia, estudios generales y regionales de Geografía Agraria andaluza, aunque sin olvidar nunca su íntima relación con el paisaje integral, y por ello no exclusivamente agrario, de Andalucía.

Publicados en muy diferentes momentos y con ciertos concretos objetivos, si en lo fundamental estaban vivos y no habían perdido contacto con la realidad, su actualización estadística y bibliográfica era imprescindible y necesaria. Sin embargo, tal actualización no ha significado, por lo general, cambios esenciales en los textos originales. Sólo en un caso, en el de las Altiplanicies de Baza y Huescar, se ha llevado a cabo una nueva y total redacción que, sin embargo, conserva intacto el objetivo con que en su momento se planteó y se realizó.

Es claro que, en definitiva, en este último caso, como en todos los demás, la razón de estos trabajos ha sido siempre la misma, el estudio geográfico, serio, profundo y, sobre todo, científico de la realidad viva y problemática de Andalucía a través de sus paisajes. Unos paisajes construidos sobre una tierra, cuyos valores me han subyugado siempre, y por unos hombres que he intentado comprender en todo momento. Tierra y hombres a los que he *llegado a sentirme más unido, si cabe, que a la tierra donde he nacido y a los hombres donde tengo mi raíz.*

Por ello, si, en último término, mis trabajos, estas investigaciones en concreto, pudieran contribuir al mejor conocimiento de Andalucía, permitieran facilitar la solución a sus problemas y, sobre todo, procurasen el arraigo y la profundización de su identidad regional, sentiría que mis treinta años de vida en Andalucía, inolvidables ahora y siempre, no han sido inútiles y han tenido sentido.

Joaquín Bosque Maurel
Madrid, Septiembre de 1978

I

Situacion geográfica y marco físico en la vida económica andaluza

Artº publicado en "Información Comercial Española", Nº 507 dedicado a la Económía de Andalucía Oriental, Noviembre de 1975, pp. 38-49.

"Todos reconocen en los pueblos diversos de las provincias andaluzas semejanzas en la conformación general de los naturales, analogías en lo físico, tendencias morales uniformes, parecidas modulaciones en su acento y manera de hablar, propensiones intelectuales semejantes, tendencias y arranques unísonos y otras señales indescriptibles que nos revelan un pueblo de origen común modificado por las mismas causas, sujeto a la influencia de indénticas naturalezas y con un sello especial que los distingue de los otros de la península ibérica".

(Antonio Machado, citado por Blas Infante, *El Ideal Andaluz,* pag. 79)

EL DESARROLLO ANDALUZ

Andalucía en su conjunto y en especial Andalucía oriental, es una de las regiones más representativas de lo que últimamente (1) se está llamando la *"España rural"* y que, en definitiva, constituye la *"España subdesarrollada"* o *"en desarrollo"*, según la terminología eufemística de las Naciones Unidas. En 1973, según los estudios del Banco de Bilbao (2), si Andalucía significó casi el 18 por 100 de la superficie española y algo menos del 18 por 100 de su población, sólo obtuvo el 12,8, por 100 del producto neto nacional (3). Tales cifras conducen a una realidad socioeconómica muy por debajo del promedio español, traducida en una renta *"per capita"* inferior en un 27 por 100 al promedio español de 1973 y un 43 por 100 más baja que la de Cataluña, la región española más destacada en ese momento. Y ello, refiriéndose a Andalucía como un conjunto integral, ya que las diferencias internas, tanto provinciales como comarcales e, incluso, municipales, son considerables y las distancias resultantes, por consiguiente, mucho mayores e *"irritantes"*, como se ha dicho en numerosas ocasiones y desde alguno de los máximos rangos oficiales y religiosos. Es claro que el contraste, sin tener en cuenta los simples aspectos económicos, resulta normal, dado el volumen territorial, la cuantía de su población y la variedad de sus condiciones naturales. En primer lugar, hay que tener en cuenta que Andalucía es una región de 87.268 kilómetros cuadrados, es decir, un territorio tan grande como el de Portugal, y doble que Bélgica, Holanda y Suiza. Pero, además, hay que agregar que Andalucía es una de las regiones españolas más antiguas y de cultura más compleja, por su pasado histórico y su situación, de España y quizá de Europa.

La situación de subdesarrollo enunciada viene confirmada por otros índices, muy numerosos, posiblemente demasiado numerosos: bajo consumo eléctrico, mínima disponibilidad sanitaria, limitado nivel cultural. Síntesis de lo anterior lo constituye el *"bienestar social"*, expresado a través de una serie de indicadores sociales *"que suponen una imagen válida del nivel medio de*

... star de las provincias españolas'' (4), y entre los cuales pueden señalarse el número de viviendas con ducha y baño, la difusión provincial de las revistas, los cabezas de familia con estudios medios o superiores, el porcentaje de hogares con televisor, el índice de movilidad ascendente. En ese *''índice de bienestar social''* las provincias andaluzas ocupan los últimos lugares de la lista. Sin embargo, el índice que expresa más agudamente esa situación de subdesarrollo es el constituído por los hechos estrictamente demográficos. Andalucía tenía en 1960, según el Censo, un total de 5.895.396 habitantes, mientras que el 1970, diez años más tarde, poseía 5.971.277 almas. Es decir, en un decenio, Andalucía había crecido en cifras absolutas solamente en 75.881 personas, bastante menos del 0,13 por 100 anual o del 1,3 por 100 decenal, frente al 1,1 por anual o al 11 por 100 decenal de los promedios nacionales, unas diez veces superiores por tanto en líneas generales. Y, sin embargo, Andalucía, es, después de Canarias, la región española con mayor crecimiento vegetativo, muy próximo al 17 por 1.000 (1971-1973), frente a sólo un 10 por 1.000 de promedio nacional. Dicho de otra forma, si España en conjunto creció en el citado decenio en casi cuatro millones de habitantes, en ese incremento esencialmente vegetativo a Andalucía le debió corresponder alrededor de un millón de personas, es decir, el 25 por 100 del total nacional. Por tanto, en ese tiempo, dado que el aumento real andaluz no llegó a las 80.000 almas, tuvo lugar una pérdida de población del orden de los 900.000 habitantes.

La sangría es, evidentemente, grande y grave, aunque se produzca en una región que, como Andalucía, está relativamente poblada, algo por encima del promedio nacional, aunque en rápido declive respecto a los decenios anteriores y, sobre todo, en relación a comienzos de siglo. Si, en 1970, Andalucía tenía 68,42 habitantes por kilómetro cuadrado, y España, 67,43, lo que significa el 17,4 por 100 de la población nacional, en 1900, las densidades andaluza y española eran, respectivamente, de 40,6 y 36,8, representando la población andaluza el 19,3 por 100 del total español. Se ha producido, así, una diáspora andaluza, quizá la prueba más fehaciente y más clara de subdesarrollo y que justifica lo que se ha llamado *''novena provincia andaluza''* (5), constituida por ese millón de andaluces emigrados en el último decenio y por el otro millón que, según los cálculos de García Barbancho (6), lo habían hecho con anterioridad a esa fecha, a partir de 1900. Una *''novena provincia''* dispersa fuera de Andalucía, y especialmente en Cataluña donde residen más almerienses que en la misma cuidad de Almería, y en Madrid, con más jiennenses que en Linares o en la ciudad de Jaén, pero también en Francia, en

Alemania, en Suiza y en Bélgica y en todos los países del Mercado Común en general. Y, todo ello, sin tener en cuenta la emigración de temporada en que durante la vendimia, o coincidiendo con los momentos clave del cultivo de la remolacha, se desplazan cifras de andaluces que, en algunos momentos, superan las cien mil personas, sobre todo a Francia (7).

Ahora bien, esta situación no excluye un cierto crecimiento económico. Un análisis, incluso superficial, de la evolución de la renta en los últimos años permite observar fácilmente un crecimiento económico real que afecta al conjunto de la región, a cada una de sus provincias y, en líneas generales, a sus diversas comarcas y hasta, aunque la afirmación ofrece algunos aspectos confusos, a todas sus clases sociales. Pero todo este crecimiento no es equivalente ni paralelo al incremento nacional medio y, sobre todo, no es suficiente para igualar al de las regiones españolas más progresivas económicamente. Por ello, según los citados estudios del Banco de Bilbao, durante los últimos veinte años, aproximadamente, Andalucía no sólo ha perdido peso demográfico, y muy significativamente, sino también, y quizá en mayor medida, peso económico. Mientras que en 1955, Andalucía proporcionaba cerca del 15 por 100 del producto nacional, en 1975 significaba únicamente el 12,8 por 100. En ese mismo periodo de tiempo, Cataluña veía aumentar su peso económico, aunque no fuese mucho, desde le 15 por 100 en 1955 al 19,91 por 100 en 1975, y Madrid, con mayor intensidad, saltaba desde una cifra inferior al 12 por 100 a otra que rebasaba ligeramente el 15 por 100. Es decir, se pasaba de una cierta paridad en los valores relativos a una clara y bien definida superioridad en el caso de Cataluña, y a una fuerte inversión en el de Madrid, hechos que resultan aún más aparentes si se tienen en cuenta otros valores aún más significativos que los de índole económica: los de carácter social, cultural y político.

Además, esta tendencia de insuficiente incremento económico ofrece una profundidad histórica que se remonta, al menos, hasta el siglo XVIII, aunque esta afirmación -discutible para algunos especialistas- está exigiendo una comprobación en profundidad que constituye un auténtico reto a la investigación andaluza, aunque se haya podido comprobar, con mayor o menor rigor, en algunos determinados casos locales o comarcales. Por ello, en el caso de Andalucía, más que hablar de subdesarrollo, debería hablarse de decadencia o regresión, ya que en la evolución andaluza ha tenido lugar mucho más un retraso absoluto dentro del contexto español, que un retraso relativo a simple escala regional. Así, cuando se estudia la situación de Andalucía a finales del siglo XVIII, aunque sea a través de una fuente tan discutida como el Censo de Frutos y Manufacturas de 1799 (8), parece evidente que el nivel andaluz en aquellos momentos casi igualaba el promedio nacional, hecho que no sucede hoy, globalmente considerada la región ni el conjunto de su economía, y en especial que entonces Andalucía aparecía por encima de regiones que, como el País Vasco o Cantabria, la superan en la actualidad plenamente... Y si el examen del citado Censo no constituye una prueba de auténtica fiabilidad, sí parece tenerla el análisis demográfico, ya que, a lo largo del siglo XVIII y durante ya parte del XIX, Andalucía no fué una región de migración, sino todo lo contrario, con una fuerte corriente inmigratoria y no limitada a una más o menos importante *"élite"* extranjera, fundamento en parte de las actuales clases altas andaluzas en muchas de las más importantes ciudades de la región, como Sevilla, Cádiz, Jerez de la Frontera, o Málaga. Además Andalucía constituyó un foco de atracción demográfico nacional, de origen septentrional sobre todo, y en especial de origen montañés, asturiano, riojano y gallego, cuyo estudio completo aún está por hacer, aunque no faltan las referencias parciales muy indicativas (9). En realidad, hasta época muy reciente, y a lo largo de muchos siglos, durante toda la Reconquista, aunque entonces, por razones diferentes a las existentes con posterioridad al siglo XVI, Andalucía fué un polo inmigratorio, quizá el más importante de España, y base de una corriente de población secular norte-sur, sólo muy recientemente invertida, después de la Guerra Civil.

Una situación como la esbozada pudiera llevar a la conclusión fácil de una situación definitiva y de una evolución irreversible, en la que no cabe otra cosa que una permanencia en el subdesarrollo o, incluso, una acentuación en esa tendencia. Y no falta quien, incluso, piensa que esa es la única solución, el único y fatal camino que existe en el futuro de Andalucía. Ahora bien, para llegar a esas conclusiones tan escasamente esperanzadoras habría que haber llegado a una auténtica valoración de las posibilidades reales de la región, y a establecer científicamente que no existen factores de diverso origen capaces de iniciar hoy o mañana un movimiento contrario. En esa línea de pensamiento es en la que quisiera continuar ahora.

LA RENTA DE SITUACION

Ante todo, hay que partir del hecho de que Andalucía es una de

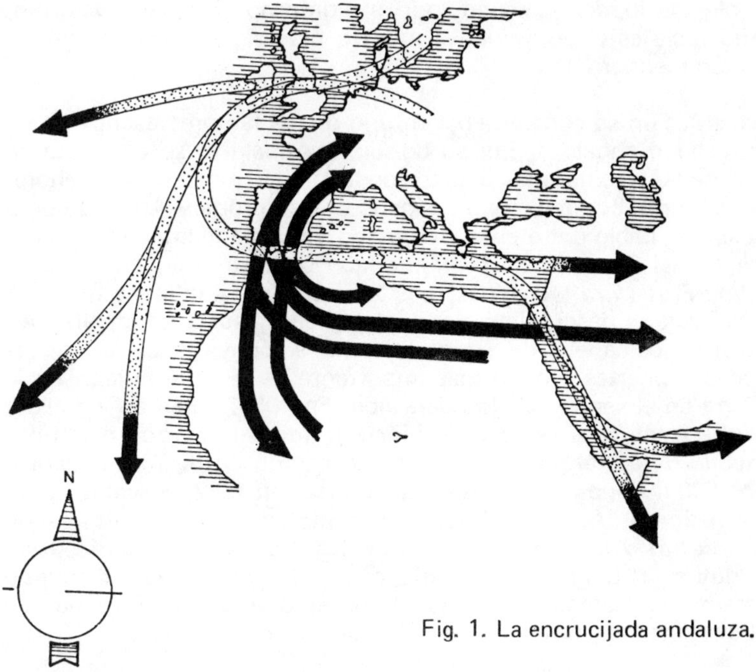

Fig. 1. La encrucijada andaluza.

las regiones españolas con mayor unidad geográfica; unidad geográfica que es casi un axioma, tanto al menos como en otras regiones en cuya definición tanto se insiste, como el País Vasco, Cataluña o Galicia. Es una región geográficamente muy clara, perteneciente a las llamadas Españas exteriores, las periféricas a la Meseta, la España por excelencia, según la ya tópica afirmación de Eliseo Reclús (10).

Pero, además, esta España exterior es la región más meridional y, hasta cierto punto, más occidental, constituyendo el extremo sudoeste de la Península Ibérica, y, en definitiva, el país más avanzado hacía el Sur y hacía el Oeste, no sólo de España, sino también de Europa. En consecuencia, es la región más próxima a Africa y, en cierta manera, la más cercana a América, hechos que justifican y aclaran muchos de los caracteres no sólo históricos, sino también físicos de Andalucía, como la presencia musulmana, la aventura americana, y la misma identidad física, de relieve, clima y vegetación, existente no sólo con todo el mediodía europeo, sino con el septentrión africano, más especialmente con el Africa Menor, y en último término con ese conjunto geográfico que es el mundo mediterraneo. Posiblemente, y no sólo en la

Península Ibérica, sino en todo el contorno del Mare Nostrum, Andalucía es el prototipo, el modelo más significativo de país o región mediterránea.

La situación se convierte así en uno de los factores esenciales de la realidad andaluza. Por su posición, Andalucía se convierte en una de las encrucijadas más trascendentales, de antes y de ahora, de la Tierra, como camino obligado entre Europa y Africa y como paso inevitable entre el Mediterráneo y el Atlántico. Y todo ello a través del Estrecho de Gibraltar, que si en la antigüedad fue el *"Non Plus Ultra",* despues, tras la iniciación de la etapa atlántica que inicia el descubrimiento de América y, sobre todo, una vez abiertos los canales de Suez y Panamá, se convierte en una de las escasas puertas y en la más importante de las que existen en la Tierra en el sentido de los paralelos. En 1966, antes del conflicto árabe isrelí, que afectó en cierta medida al tráfico marítimo mediterráneo, el paso de buques se estimó en 62.730 unidades, con 530 millones de toneladas de arqueo; en 1972, descendió a un total de 44.100 navíos, con un registro de 210 millones de toneladas y una media diaria de 120 barcos, uno cada doce minutos. Y téngase en cuenta que todas las flotas del mundo totalizaron últimamente unas 41.000 embarcaciones con más de 100 toneladas y un arqueo de 340 millones de toneladas.

Y siendo precisamente tal situación el fundamento de la perfectamente definida y sumamente compleja evolución histórica andaluza, se explica que la región entre otros matices no menos importantes, posea posiblemente la más vieja cultura europea y sea una de las áreas de más añejo cosmopolismo del mundo. Así, Cádiz es la ciudad conocida documentalmente más antigua de Europa, lo mismo que el casi legendario Tartessos constituye uno de los conjuntos políticos de mayor vejez del Occidente europeo, siendo el complejo humano andaluz, a causa de esa venerable antigüedad y como fruto de esa privilegiada situación, resultado de una diversa y compleja confluencia de razas y culturas, que han hecho de Andalucía y de los andaluces quizá la región y el pueblo de mayor originalidad de la Península Ibérica, y cuyo resultado sea quizá una específica y peculiar *"forma de sentir la vida y de vivirla, una actitud formada por la superposición de culturas modernas a otras muy antigüas, las viejas civilizaciones del Mediterráneo"* (11).

Y podría afirmarse también que, en cierta forma, todas las épocas culminantes de Andalucía respecto, a sí misma o en relación al conjunto de España han estado íntimamente ligadas a aquellos momentos en que dicha situación pudo y supo aprovecharse convenientemente. El momento americano, en el que Andalucía se convierte en el centro polarizador, con todas sus consecuencias económicas y culturales, de la intervención española en América, es un ejemplo claro, pero no es el único. En circunstancias parecidas se encontró la Provincia Bética en el Imperio Romano, y en gran parte a su situación se debió el trascendental papel desempeñado por Al-Andalus en la Edad Media europea, y más especialmente por el Califato de Córdoba, término no sólo del Islam en Occidente, sino eslabón esencial en la relación Oriente-Occidente y en la transmisión del saber oriental a la Europa cristiana. En todas y cada una de esas ocasiones históricas, Andalucía desempeñó una función básica, y siempre su singular significación estuvo ligada a la utilización a fondo de las ventajas de su situación y de su absoluto control, en beneficio propio, como es lógico, de esa encrucijada de caminos. Recuérdese, en este sentido, el papel desempeñado por el último reino musúlman de Granada en el comercio bajo medieval no sólo de la seda, sino también del oro africano.

Ahora bien, toda situación, por muy favorable que resulte, exige para su utilización a fondo y de la manera más conveniente, y tanto más cuanto más tecnificada sea la etapa de aprovechamiento de tal situación, de una infraestructura viaria adecuada a las necesidades de cada momento y a las circunstancias históricas y política de cada época. Hasta el siglo XVIII al menos, la específica situación de Andalucía favoreció una relativa autarquía respecto del resto de la peninsula, en la que la tierra andaluza tendió a un funcionamiento en el que se atendieron más las relaciones con el exterior peninsular, con América especialmente pero también con el resto del Mediterranéo e, incluso, con los países europeos atlánticos, que con las restantes regiones ibéricas. Tanto en la antigüedad, en sus íntimas conexiones mercantiles con Roma, como durante la Edad Media, en el que Al-Andalus, en conjunto siempre, y el último reino musulmán de Granada en los últimos momentos medievales, con su control de la seda y el oro, sostuvo un importante comercio con el resto del Islam, y también a partir del descubrimiento de América, en que Sevilla actuó un tanto de espaldas al resto de la Península como una activa intermediaria entre le Nuevo y el Viejo Mundo, las comunicaciones entre Andalucía y el resto de España nunca tuvieron un papel esencial, aparte de que nunca fueron fáciles, más incluso por motivos humanos -el bandolerismo, por ejemplo- que por razones físicas.

Y todo ello porque, en general, tuvo mayor trascendencia la conexión Oriente-Occidente, Mediterráneo-Atlántico, a través del estrecho de Gibraltar, y esencialmente marítima, que la ruta, terrestre, Norte-Sur, Europa-Africa. En esta última, su carácter continental se enfrentó siempre -y todavía se enfrenta- con los obstáculos naturales de la Meseta y la serie de barreras montañosas -Sierra Morena, Sistema Ibérico y Pirineos- que se interponen entre Andalucía y Francia, que todavía hoy implican una compleja y costosa infraestructura viaria, y en el caso de la tradicional ruta costera mediterránea -la vieja vía romana Hercúles y Augusta y la actual autopista del Mediterráneo-, mucho más accesible en general, siempre tuvo la precariedad de los peligros de la piratería, consustancial con la vida litoral mediterránea hasta muy avanzado el siglo XVIII. Hoy mismo, el hecho de que los puertos españoles -y europeos- con máxima relación con el Norte de Africa y, en mucha menor cuantía, con América del Sur, sean los andaluces de Algeciras y Málaga, y Cádiz y Sevilla, respectivamente, depende mucho más de las necesidades y exigencias de las naciones norteafricanas, especialmente Marruecos, del mismo tráfico regional andaluz o del simple tránsito, sin uso a menudo de sus servicios portuarios, por el Estrecho, que del uso coherente y racional de la vía Africa-Europa. En muchos momentos, esta línea de tráfico Norte-Sur se utiliza marginalmente a la Península Ibérica, rodeándola por el Atlántico y el Mediterráneo, sobre todo desde que el enlace internacional con América o con Oriente se centró, con la hegemonía marítima holandesa y británica, y abandonando el Mediterranéo, en Europa Occidental, en la desembocadura del gran complejo deltaico Rin-Mosa-Mosela y, subsidiariamente, en el eje mar del Norte-Renania-valle del Poo-Mediterráneo occidental.

La raíz de esta incomunicación Norte-Sur, sobre todo en los momentos actuales, y más aún desde que el desarrollo de las comunicaciones terrestres se ha acentuado en todo el mundo, se debe en gran parte a que la comunicabilidad de Andalucía con el resto de España y, en definitiva, con Europa es muy precaria y difícil, y está en la práctica limitada a un solo camino, Despeñaperros, el único realmente utilizable a pesar de que la frontera andaluza, a lo largo de Sierra Morena, tiene más de cuatrocientos kilómetros, y que tiene que enlazar y conectar a toda una superficie territorial de casi 88.000 km/2. Las restantes rutas a través de dicha Sierra Morena o no existen o son francamente insuficientes, bien sea por su trazado o por sus condiciones infraestructurales; la comunicación con Portugal es prácticamente inexistente, no habiendo todavía un puente a través del Guadiana;

el camino hacia Levante es bastante difícil por su complejo relieve y por su inadecuada infraestructura, y, en resumen, si las dificultades naturales son considerables pero salvables, las realizaciones humanas dejan demasiado que desear. En la actualidad se está hablando mucho del aislamiento de Galicia, lo que es una realidad evidente en trance de solución, pero no es menos auténtico el aislamiento de Andalucía, reducida estrictamente a una sola gran vía de comunicación, y no precisamente perfecta, sobre todo en lo que se refiere al tráfico de mercancias, ya que en lo que se refiere al de pasajeros, la aviación, en franco desarrollo, constituye una relativa solución, al menos desde cierto punto de vista, el del turismo.

Fig. 2. Las comunicaciones constituyen el primer gran problema andaluz.

Este aislamiento andaluz respecto a su contorno exterior se agrava con la penuria y mala calidad de las comunicaciones intraandaluzas, que no sólo no están mejorando en la proporción precisa, sino que, en cierta forma, estan empeorando. Así, la red ferroviaria andaluza, una de la más densas de España, aunque no precisamente una de las mejores dotadas en su infraestructura, ha sido abandonada y levantada en ciertas líneas, reduciéndola a los troncos esenciales en aras de una pretendida racionalización económica, que quizá hubiera podido tener otra solución, la mejora de una red que nunca fue -a causa de sus vicios iniciales- un modelo de racionalidad, pero, que sin duda, contribuyó decisavamente al desarrollo regional. En definitiva; aislamiento interno y externo no contribuyen precisamente a la utilización de las ventajas de una situación geográfica que es realmente privilegiada y que tan importante papel ha desempeñado en el pasado económico regional y puede tener en el futuro, caso de ser convenientemente utilizada. Quizá, por el contrario, en ese aislamiento se encuentren algunas de las raíces, aunque no las únicas ni tampoco las más decisivas, del actual subdesarrollo o decadencia, según se considere, de Andalucía.

UNIDAD Y VARIEDAD EN ANDALUCIA

Un hecho incuestionable, irrefutable diría Sermet (12), es la unidad geográfica andaluza. Sin duda, existe una región andaluza, pero se trata de una región cuya unidad es, ante todo y sobre todo, histórica, fraguada por el hombre en una labor de siglos sobre un complejo físico que no es precisamente una región natural, sino todo lo contrario, como resultado de una conjunción de rasgos físicos muy heterogéneos. Aunque, en este sentido, también es cierto que precisamente la heterogeneidad física, sobre todo en el relieve, constituye una de las características más significativas del mundo mediterráneo, con lo que también, en este aspecto, la unidad natural, evidente en sus caracteres lógicos, contribuye a la unidad humana y, en definitiva, a recalcar y acentuar la unidad geográfica de la región. Pero, sin dejar de contribuir a un cierto despiece comarcal y a un claro principio de división regional, que permite señalar varias regiones andaluzas dentro de una y bien definida Andalucía.

Como muchas regiones mediterráneas, recordemos Italia del Norte, por ejemplo, Andalucía está constituida por dos muy diferentes ámbitos morfoestructurales, una gran fosa alpina, el valle o depresión terciaria y cuaternaria del Guadalquivir, equivalente al italiano valle del Poo, y una gran cadena montaña de plegamiento de origen alpídico, las cordilleras Béticas, la primera gran unidad orográfica española en volumen y altura, y la segunda europea, tras su gemela en origen, con todas las distancias existentes, los Alpes. Estas dos grandes unidades naturales, base de una primaria diferenciación regional andaluza, la Baja y Occidental y la Alta Oriental, son el primer elemento de una relativa cohesión regional, al crear una cierta diferenciación morfológica no exenta, en muchos sentidos, de una cierta complementariedad y, en definitiva, base de unas primeras relaciones de raíz humana. Tal binomio añade un tercer rasgo morfoestructural al incluir Andalucía, históricamente y desde muy antiguo, el límite meridional de la meseta, Sierra Morena en sentido lato, frontera septentrional de la región andaluza y más concretamente del valle del Guadalquivir, del que depende humanamente. Esta triple variante del relieve regional se uniformiza por una clara uniformidad climática que concede a esa triple región morfoestructural el hecho de que Andalucía posea un clima típicamente mediterráneo, caracterizado por unas condiciones generales de sequedad, con un máximo de 800 litros en el Oeste que contrasta con el mínimo, subdesértico e inferior a 300 litros, del Sudeste que sobre todo coinciden con una neta y acusada sequía estival, entre junio y septiembre y complementada con un régimen térmico de suaves inviernos, los más cálidos de la Península, y de tórridos veranos, tambien los de máximas temperaturas europeas. Todo ello constituye la base de una cierta unidad y variedad biológico, cuyo paralelismo con el clima es indudable, pero que también, como en el mismo clima, es matizado por las diferencias morfoestructurales y, en definitiva, altitudinales.

Todo ello justifica una serie de matices, favorecidos por la considerable superficie de la región, tan grande o mayor que la de algunos países europeos. Así, dentro de una cierta unidad bioclimática, ya señalada, en Andalucía se pueden oponer las comarcas de máxima pluviosidad de la Península, en las sierras de Ubrique y Grazalema, que forman el frente atlántico y occidental de las cordilleras Béticas, y el importante y mejor definido desierto europeo, en el extremo sudeste, en torno al almeriense cabo de Gata, pero también las hoyas sur-mediterráneas, casi tropicales, desde Adra hasta Málaga, al pie meridional de dichas cordilleras, con una *"tundra"* de carácter polar en las máximas cumbres de tales montañas, en Sierra Nevada. Y todo ello sirviendo como base a una complejidad biológica excepcional, en la que la latitud y la altitud se unen para justificar una encrucijada biológica que enfrenta y hace confluir a especies tipicamente europeas, inclusive alpinas, con otras específicas de Africa, propias del Atlas en conjunto, junto con las típicas del mundo mediterráneo y a otras ligadas a unas determinadas influencias atlánticas. Y, en último término, permitiendo tal convergencia unos rasgos originales y de clara autoctonía, sin igual en todo el Mediterráneo.

Si se pretendiera hacer un saldo de esta serie de rasgos físicos, en el que aparecen, como es lógico, los positivos y los negativos, es evidente en principio el predominio de los primeros, y, en definitiva, la existencia de un superávit, o al menos la existencia potencial de un superávit que no excluye, por descontado, déficit reales, aunque muchos más coyunturales que estructurales. Tal superávit aparece, en especial, cuando en una gran síntesis análizamos, en ese saldo general, las tres grandes unidades naturales y, en cierta forma, económicas, que constituyen Anda-

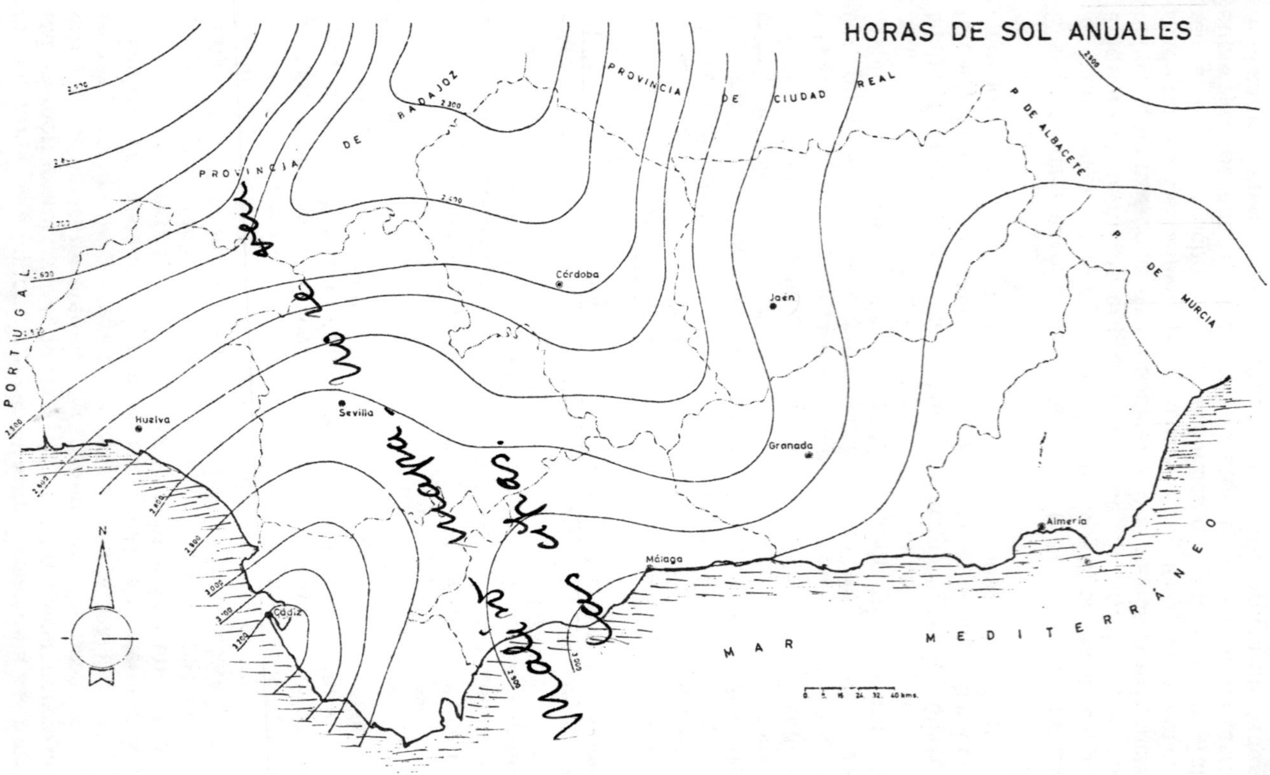

Fig. 3. En Andalucía se producen los indices de insolación mayores de la Peninsula.

lucía. En primer lugar, en el Valle del Guadalquivir, la campiña o las campiñas, que constituyen su margen izquierda hasta el piedemonte bético, forma la primera -y casi la única- gran llanura española, y por ello la más importante potencialmente de las regiones agrarias nacionales, la que mejores condiciones reúne en principio para el desarrollo de una agricultura altamente racionalizada y productiva. Similar, aunque no con idéntico valor agrario, tienen las hoyas surmediterráneas, cuya excepcionalidad climática y edafológica, pese a su reducida extensión, permite una agricultura especializada, casi una jardinería, de frutos extratempranos, la más avanzada de Europa y una de las primeras del mundo, con incluso ensayos y novedades únicos en el mundo mediterráneo y en el continente europeo (13). Como contraste, frente a esas dos privilegiadas regiones agrarias, hay que considerar ese doble edificio orográfico que se integra en Andalucía: Sierra Morena, en su límite septentrional, y las cordilleras Béticas, no exclusivamente andaluzas, ya que se prolongan por Levante, y que comprende casi la mitad de la región y, en especial, su porción sudoriental. Ambas pueden ser incluidas entre las mayores y más importantes reservas silvopastoriles de la península y de Europa, reuniendo -sobre todo el núcleo central de las béticas, en torno a Sierra Nevada y al complejo Segura -Cazorla-Alcaraz- condiciones óptimas para el desarrollo de una ganadería extensiva de tipo carnicero y, en menor cuantía, lechero, que no excluye -sino todo lo contrario- una economía forestal de alto nivel ni tampoco la utilización ponderada y controlada de una de las más bellas reservas naturales nacionales, con todo una extraordinaria riqueza paisajística, biológica y cinegética, una de las mayores de Europa.

Es claro que todo ello, en la actualidad, es más potencial que real, como consecuencia de un pasado que no ha creado precisamente las condiciones adecuadas de aprovechamiento racional, pero también de un presente en el que los intereses privados, de origen tanto nacional como internacional, no favorecen -sino todo lo contrario- la conservación, y no digamos la mejora, de tan excepcional reserva y de sus indudables actitudes agrarias. A ello contribuye, además, una discutible política de repoblación forestal y de defensa del medio ambiente, con una preocupación predominante y quizá excesiva por las coníferas, y la falta de auténticas áreas defendidas legalmente de la especulación y ocupación arbitraria. En este sentido es digno de recordarse que Andalucía carece aún de un parque nacional, pese a que las comarcas que merecerían esa consideración, como Sierra Nevada, son muchas.

EL FACTOR FISICO EN LA ECONOMIA AGRARIA Y EN EL TURISMO

En conjunto, el saldo que resulta de la consideración de esas tres unidades geográficas y, hasta cierto punto, agrarias implica que Andalucía sea, en el momento actual, la primera región agraria española. Aunque con especial inclinación hacia el sector agricola, Andalucía proporciona el 19 por 100 de toda la producción agraria nacional, y más concretamente el 24,7 por 100 del producto agrícola, por sólo el 12,4 por 100 del producto ganadero, en el que se ve superada netamente por la Meseta y la España Húmeda. Para valorar exactamente ese primer lugar agrícola debe tenerse en cuenta que Andalucía posee más de la mitad del olivar español, que cultiva la tercera parte del arroz y de todas las leguminosas, que obtiene la mayor parte del algodón, ya en decadencia, el 48 por 100 de la remolacha azucarera y la totalidad de la caña de azúcar, que produce la quinta parte de todas las hortalizas, especialmente tempranas, y el 20 por 100 de los frutos agrios, sin excluir una importante masa de otros frutos de hueso y pepita. Es decir, proporciona una masa tal de producción agrícola que no tiene parigual en el resto de España, ni cuantitativamente ni, mucho menos, cualitativamente.

Y todo ello, a pesar de que esta riqueza agrícola no está de acuerdo con las auténticas posibilidades de la región, ya que su agricultura es esencialmente tradicional, tanto en sus principales cultivos, todavía dominados por la clásica trilogía mediterránea, como en su estructura rural, viciada por el contraste entre la gran propiedad-explotación y el minifundio, pero, además, por su caracter plenamente especulativo, que provoca en muchos momentos una clara limitación a la racionalidad agrícola e implica, en numerosos casos, una cierta inadecuación entre lo más apto a cada suelo y a cada comarca y lo que realmente se cultiva. Evidentemente, sobran muchos cereales de alimentación humana, ya se comienza a reconocer el excesivo monopolio y los muchos problemas del olivar, abundan quizá demasiado ciertos frutales tradicionales, como el naranjo, y, en cambio, faltan los cereales pienso, muchas hortalizas tempranas y algunos frutales más o menos exóticos de fácil mercado que, en conjunto, podrían hacer de Andalucía no sólo la California europea sino también una de las primeras regiones ganaderas de Europa, y en ambos casos, muy por encima del papel, sin duda importante, pero en definitiva secundario, que hoy desempeña.

En buena parte, este privilegio agrícola se debe a sus condiciones clímaticas y, en menor cuantía, a sus características morfológicas.

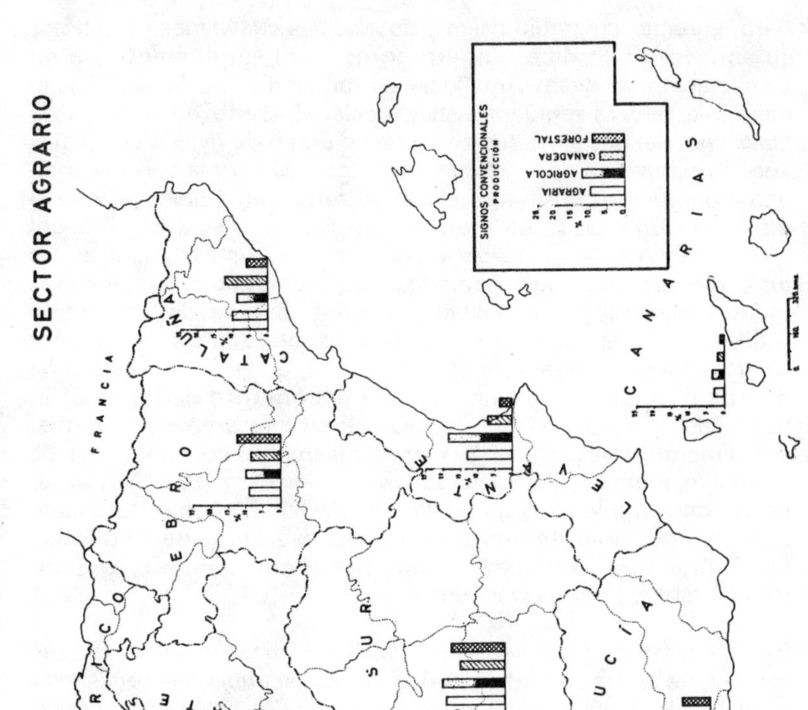

Fig. 4. Andalucía es la primera región agricola de España.

Pero, además, su medio físico y no sólo sus cualidades climáticas, su sol, como se dice vulgarmente, es el fundamento de su significación turistica. Andalucía es también si no la primera, al menos la tercera región turística nacional, tanto en número de plazas hoteleras y similares como en volúmen de recepción y, más aún, de permanencia turística (14). Y todo ello por la existencia de una triple aportación física, el sol y la sequedad ambiental, con el máximo número de días de sol de Europa, el atractivo del Mediterráneo y de sus bellas y contrastadas costas, y una de las más grandes reservas naturales, no demasiado contaminada todavía, de Europa. A su lado, la contrapartida de un mundo histórico, casi fabuloso, y sobre todo distinto y hasta extraño por su arte, por su folklore, por su vida misma, al menos por ahora, al del resto de Europa e, incluso, al del conjunto de España. El hecho del complejo pasado andaluz es así causa y razón de que, actualmente, la Costa del Sol se complemente con una serie de atractivos monumentales históricos y artísticos que podrían sintetisarse en esa trilogía constituida por Sevilla, Córdoba y Granada, pero que se complementa con toda esa serie de pequeñas maravillas que son Baeza, Carmona, Ecija, Guadix, Osuna, Ronda, Ubeda, entre otras tantas.

Y, sin embargo, pese a su importancia turística, no detenida aún seriamente por la crisis del petróleo, es indiscutible que todas esas posibilidades ni estan totalmente aprovechadas ni, lo que es peor, lo han sido de la manera más racional y más adecuada. Si, en general, la utilización turística no es total, en ciertas comarcas se puede hablar ya de saturación y, sobre todo, de auténtica destrucción, tanto en lo físico como en lo humano, de lo que justicia ese turismo. Y, en muchas ocasiones, sólo en beneficio de intereses no sólo bastardos, de mera especulación, sino también extraños a la región, ya que el turismo andaluz se encuentra dominado, como en general todo el español, en primer lugar por las agencias internacionales y, en segundo lugar, por grupos locales bajo control extra regional a los que sólo interesa el beneficio inmediato sin importarles nada la conservación del contorno paisajístico y el equilibrio ecológico ni la creación de una fuente de riqueza permanente y de interés general. La falta de planeamiento a medio y largo plazo es lo normal, como se percibe -con todas las excepciones posibles- en la falta de una auténtica infraestructura viaria, sanitaria e, incluso, de servicios turísticos complementarios, así como en la inexistencia de alguna forma de análisis del mercado de la oferta y de la demanda y de dominio de ese mercado que liberen al turísmo español, quizá más afectado que el de algunas otras regiones españolas, como Canarias, Mallorca y, hasta cierto punto, la Costa Blanca, por esos hasta ahora endémicos males, sus dos más graves problemas, la estacionalidad y la dependencia del exterior. Pese a todo ello, el turísmo sigue constituyendo una de las grandes fuentes de riqueza y de divisas de la región y, en definitiva de España.

MARCO FISICO E INDUSTRIALIZACION

Tampoco es desdeñable, aunque en menor grado, la incidencia de los factores positivos del medio físico en el sector secundario, en el que existen muy claras y definidas posibilidades.

Por lo pronto, la riqueza agraria andaluza constituye, como mínimo una decisiva fuente de materias primas, algunas base ya de industrias y tradicionales y de gran prestigio en España y fuera de España, como la vinícola y la olivarera, aunque no siempre dentro del nivel que pudiera esperarse de la bondad de las materias primas y de la calidad de la mano de obra en ellas empleadas. Pero, además, existe una considerable abundancia de materias primas minerales. Con la excepción de la minería del carbón de Sierra Morena, pionera en la región, pero prácticamente agotada, al menos en el actual conocimiento geológico regional, Andalucía es la primera región minera española en producción de metales y minerales no métalicos, frente a Asturias y Santander, que, con la minería del carbón, la supera en producción y en mano de obra. En conjunto, Andalucía es la primera región española -y una de las primeras de Europa- de piritas de hierro, de mineral de hierro para fundición y color, de plomo, de cobre, de manganeso, de estroncio, de sal común, de mármol, de calizas, etc. Y todo ello, sin olvidar que el conocimiento real de las posibilidades mineralógicas de Andalucía, como de la mayor parte de España, es casi más un deseo para el futuro que una realidad actual. No existe aún un mapa completo de la geología andaluza a escala 1 : 200.000, y aún tiene mayores lagunas, precisamente en las regiones con más posibilidades mineralógicas, el mapa a escala 1 : 50.000.

Por ello, la carencia de un verdadero mapa mineralógico de Andalucía es una consecuencia lógica y un fallo de una significación esencial para el inventario de las posibilidades mineras andaluzas. Sin embargo, los indicios conocidos han hecho que el llamado Plan Nacional de Minería (15), al plantear en toda su dimensión este grave problema de ignorancia, no ha dejado de considerar a Andalucía junto con Galicia, como la región con más posibilidades mineras de la Península con todo lo que ello implica de posible desarrollo industrial, como el caso de Huelva demuestra hoy, o el ejemplo de Peñarroya-Pueblonuevo del Terrible (Córdoba) representó en un pasado no muy lejano. Ejemplos, ambos, dignos de considerarse cuidadosa y profundamente por lo que pueden significar no sólo en una positiva creación económica, sino en cuanto a sus graves inconvenientes respecto a sus problemas de congestión industrial, contaminación ambiental y aprovechamiento irracional y a corto plazo (16).

En este panorama sólo existe un serio fallo, el energético. Los yacimientos carboníferos que nunca fueron muy importantes ni de una gran calidad están prácticamente agotados y ni siquiera la actual crisis energética ha conseguido revalorizarlos. El petróleo todavía no ha aparecido, pese a que existen ciertos indicios de su posible existencia, aunque quizá no con potencia rentable. Y la hidroelectricidad, base del abastecimiento energético actual, junto con la energía importada, presenta clarísimos y difíciles problemas estructurales, como la aleatoriedad pluvial y, en definitiva, las limitaciones de caudal y régimen de sus ríos. Frente a estos aspectos negativos, hay uno muy positivo, aunque todavía perteneciente casi a la ciencia-ficción en tanto en cuanto Andalucía es una de las regiones europeas con mayor futuro desde el punto de vista de las fuentes energéticas del siglo XXI, en especial la solar, como consecuencia de su alto índice de insolación. A su lado, su situación geográfica le concede un lugar privilegiado respecto a las grandes regiones productoras de petróleo y, sobre todo, de gas natural de Próximo Oriente y del Norte de Africa, hecho que hasta cierto punto podría favorecer a Andalucía, por su menor costo y mayor facilidad de transporte, en una futura situación de encarecimiento y precisa racionalización de la producción y el consumo de combustibles líquidos. Máxime si se tiene en cuenta las ventajas reales que, desde el punto de vista industrial, tiene el gas natural, con sus enormes reservas norteafrinas, tan próximas, sobre el petróleo.

El problema de la energía ha sido, hasta cierto punto, una de las causas, no la única, naturalmente, del retraso con que se incorporó España a la Primera Revolución e, incluso también a la Segunda. En estos momentos se está produciendo a nivel mundial lo que para muchos constituye la Tercera Revolución Industrial, con caracteres muy diferentes a los de las anteriores, y que podrían resumirse en un predominio de nuevas fuentes energéticas, en primer lugar la nuclear, pero además de otras nuevas -solar, maremotriz, etc.- menos desarrolladas e, incluso, ignoradas o poco estudiadas, pero no con menos posibilidades e incluso menos peligrosas desde todos los puntos de vista que las tradicionales, en un uso masivo a la electrónica y la informática, como base de la automanización, y en una expansión general de los sectores terciario y, sobre todo, cuaternario, hasta cierto punto muy en relación con una alta densidad demográfica y con un cierto nivel o -al menos- una cierta capacidad de desarrollo cultural mucho más que tecnológico, aunque este último no pueda faltar. Precisamente, aquellas regiones donde parece anunciarse con más vigor esta Tercera Revolución Industrial -California, costa estadounidense del Golfo de México, Mediterráneo japonés- añaden a esas características una específica condición natural, su situación en un área crítica de las comunicaciones mundiales y su clima templado-calido o subtropical, que en muchos casos es un factor determinante de alguno de los caracteres anteriores y, en especial, de la expansión de los sectores terciarios y cuaternario, francamente independientes de la existencia o de la enérgía tradicional o de la abundancia de materias primas, y, por ello, con capacidad suficiente para poder elegir aquellas regiones que, por sus condiciones físicas, ofrecen de manera casi permanente un cierto atractivo vital (17).

En este sentido, son los países mediterráneos en general poseedores de todos estos condicionamientos, pero quizá ninguno como la España del Sur los reúne de manera tan acusada y, en algunos casos, la penetración reciente en Andalucía de algunas empresas multinacionales pudiera estar relacionada con la posesión de alguno, al menos, de esos factores de la Tercera Revolución Industrial. En especial, existe uno que ha sido ya trascendental y hasta decisivo en ciertas implantaciones fabriles recientes, la existencia de una masa laboral no sólo númerosa, barata y todavía poco conflictiva -Andalucía es una de las grandes reservas laborales europeas, como lo demuestra su importante emigración agraría-, sino, además, con una base cultural, hija de una complejísima y muy antigua evolución histórica, que pese a no haber alcanzado un nivel intelectual y tecnológico medio elevado no impide una capacida natural de adaptación en muchos casos sorprendente, en especial cuando se parte del tópico de la vagancia y del abandono andaluces, pero sin duda fundamental en todo futuro y crecimiento económico e imprescindible si se pretende un auténtico e integral desarrollo humano. Aún sin llegar a estas últimas consecuencias, recuérdese lo que el factor humano ha significado, por ejemplo, en el modelo japonés de desarrollo económico. Y no es el único caso, precisamente.

Pese a todo, el actual panorama industrial andaluz no puede ser más mediocre. En 1973, solamente había en Andalucía 586.620

personas ocupadas por el sector secundario, frente a 699.406 en el sector agrario y 820.031 en los servicios, y este inferior volumen laboral fabril se ve disminuido, primero, por el hecho de que la construcción, que no es precisamente una típica actividad industrial, con 230.809 personas, significa el 39,3 por 100 de la población obrera secundaria, pudiendose decir otro tanto del sector energético y de la minería, que también se incluye por lo general en este sector. En segundo lugar, porque esta industria *"stricto sensu"* que resulta está constituida, sobre todo, por las actividades alimentarias y, en toda ella, predomina un régimen empresarial casi artesano, con predominio absoluto de las empresas con menos de 5 obreros y de caracter familiar, lo que no excluye ciertas importantes excepciones, como la industria naval gaditana o la química onubense. Y, en tercer lugar, y quizá sea el rasgo decisivo e influyente, sobre todo en las grandes empresas ubicadas en Andalucía, las únicas que, en definitiva, tiene alguna significación en el mundo industrial nacional, su caracter *"colonial"*, de casi absoluta y generalizada dependencia de ciertos intereses económicos -financieros en especial- extraños a la región, caracter colonial, por otra parte, no exclusivo del sector secundario, sino presente también, como ya hemos visto, en las actividades y, más aún en el turismo.

Sin embargo, las posibilidades financieras de Andalucía ni faltan ni son escasas, aunque ciertamente no han sido utilizadas ni integramente ni de forma racional dentro de sus límites regionales, a causa unas veces de esa misma dependencia *"colonial"*, que transfiere sus ganancias a otras regiones fuera de Andalucía, y otras por razones de índole institucional, como sucede si se considera la específica ordenación de las Cajas de Ahorro y de otras entidades de crédito regionales. En 1974, sobre un total de 2.976.431 millones de pesetas a que ascendieron los recursos monetarios depositados en la totalidad de los establecimientos financieros españoles -incluidos Banca privada, Cajas de Ahorros Confederadas y Cajas Postal-, el ahorro andaluz ascendía a 345.824 millones de pesetas, el 11,2 por 100 nacional, y por debajo, por tanto, de su significación económica y demográfica. Si el bajo ahorro *"per capita"* resultante es consecuencia de la específica estructura económica española y de la actual coyuntura nada favorable, hay que tener en cuenta que ese ahorro presenta dificultades considerables en cuanto a su posible utilización regional. Por una parte, la Banca privada, por su ligazón con intereses no relacionados con la región, salvo algunas específicas excepciones, invierte la mayor parte de ese ahorro fuera de Andalucía, lo cual no es demasiado extraño dada la racionalidad económica de esas empresas financieras. Pero las mismas Cajas de Ahorro, estrechamente ligadas con los intereses andaluces, tienen muchas dificultades, a causa de la normativa a que se ven supeditadas, para invertir no íntegramente, sino mayoritariamente, en sus propias áreas de actuación. Pese a las dificultades de estimación existentes, pudiera afirmarse que no menos del 50 por 100 de las inversiones computables -obligatorias, por tanto- de las Cajas corresponden a valores públicos y del I. N. I. o a empresas privadas ubicadas fuera del territorio andaluz (18).

Y, en último término, si se quiere valorar con cierto cuidado ese ahorro andaluz, debe recordarse que en un porcentaje importante, de muy difícil valoración, ese ahorro es proporcionado a partir de los ingresos campesinos y, en los últimos años, a base de las transferencias procedentes de la emigración tanto la realizada a otras regiones españolas como la más decisiva todavía en ese sentido, la que tiene como destino los países europeos. Como se ha dicho numerosas veces, el llamado *"milagro español"* (19), esencialmente basado en el crecimiento industrial, y producido en especial a partir de los años sesenta, ha tenido sus fundamentos financieros en la transferencia del ahorro campesino a la industria, en la entrada masiva de divisas provocada por el turismo y en los importantes ingresos derivados de la emigración española. Y, en este sentido, recuerdese que Andalucía es la primera región agraria española, la primera también, y aún más destacada, en cuanto a la emigración, y una de las primeras áreas turisticas nacionales.

A MANERA DE CONCLUSION

Andalucía ofrece, aun en un examen somero y superficial, un saldo más que favorable en cuanto a posibilidades de un crecimiento económico más importante y más rápido que el que, hasta la fecha, ha protagonizado. Y, con esa base, su desarrollo podría haber alcanzado unos niveles absolutos y relativos muy superiores a los que, hasta ese momento, ha conseguido entre todas las diferentes regiones españolas. El superávit es evidente en lo que se refiere a las condiciones naturales, tanto de situación como del simple marco físico, morfológico y bioclimático. Bastante distinta es la resultante humana, tanto histórica como social, que ofrece aspecto mucho más negativos, que no hemos pretendido analizar, y que son los que únicamente pueden explicar ese limitado aprovechamiento de un medio natural bastante positivo.

Por otra parte, es indudable que, en el nivel tecnológico actual, las limitaciones de índole física, aun existiento, no son decisivas,

LA MINERIA

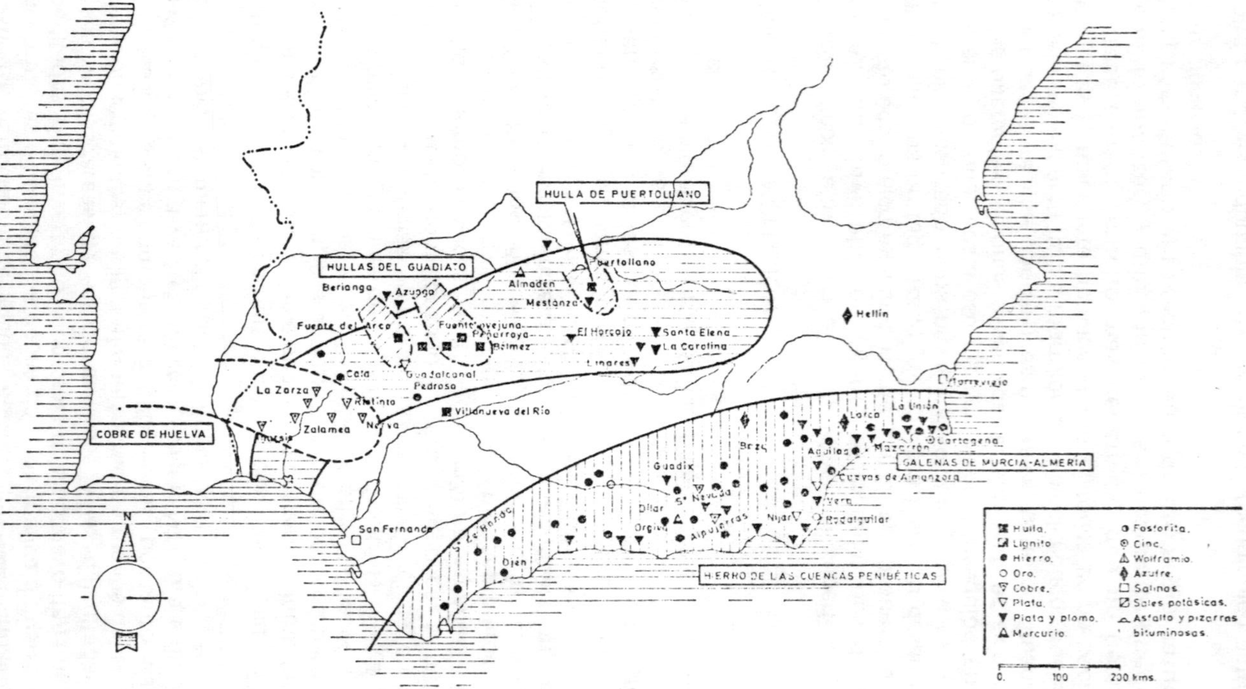

Fig. 5. Sus posibilidades mineras colocan a Andalucía a la cabeza de Europa.

al menos a largo plazo, máxime si existe una capacidad de acción humana suficiente y si la organización social contiene en sí misma las fuerzas precisas para que su protagonismo pueda imponerse no sólo a las restricciones de la naturaleza, sino, sobre todo, a las contradicciones y a las barreras humanas que se opongan al crecimiento económico y, más aún, al desarrollo integral. En el caso concreto de Andalucía, es así indudable que lo fundamental, primero, es una profunda transformación de la sociedad vigente, y no sólo en lo que se refiere a los mecanismos económicos, sino sobre todo a las posibilidades culturales, a la estructura social y a la misma capacidad de decisión política a escala local, comarcal y regional. En segundo lugar, aunque ello puede ser mera consecuencia de lo primero, es imprescindible una total renovación en las condiciones en que, hasta la fecha, ha tenido lugar el conjunto de relaciones entre Andalucía y el resto de las regiones españolas, y más aún entre los andaluces y la Administración Central. En definitiva, si la actual sociedad andaluza se ha manifestado incapaz, en sí misma o por razones en parte ajenas a ella, de conseguir el crecimiento económico y el desarrollo que debiera y pudiera haber alcanzado, la necesidad de un cambio profundo de esa sociedad y de las condiciones que la sostienen y justifican es evidente.

NOTAS

(1) VILA VALENTI, J. y CAPEL SAEZ, H.- *"Campo y ciudad en la geografía española"*. Biblioteca Básica Salvat, nº 71, Madrid-Barcelona, 1970; PEREZ DIAZ, V.- *"Emigración y cambio social"*. Ariel Quincenal, nº 59, Barcelona, Ariel, 1971; SANCHEZ JIMENEZ, J.- *"La vida rural en la España del siglo XX"*. Barcelona, Planeta, 1975.

(2) *"Renta Nacional de España y su distribución provincial"*. Bilbao, desde 1955 a 1975.

(3) Vid. BOSQUE MAUREL, J.- *"Factores geográficos en el desarrollo de Andalucía"*. en «Estudio socioeconómico de Andalucía» III, pp. 219-448.

(4) III PLAN DE DESARROLLO. *"Desarrollo Regional"*. Madrid, 1971, pag. 113. Vid. también CAZORLA PEREZ, J.- *"Problemas de estratificación social en España"*. Madrid, Ediciones de Bolsillo-Edicusa, 1973.

(5) CAZORLA PEREZ, J.- *"Los movimientos migratorios como factor de la estructura socioeconómica andaluza"*. Rev. Moneda y Crédito, nº 94, 1965, y CARVAJAL, Mª Carmen.- *"La emigración al extranjero en la provincia de Granada"*. Cua. Geográficos de la Universidad de Granada, III, 1973, pp. 25-54.

(6) *"Las migraciones interiores españolas. Estudio cuantitativo desde 1900"*. Estudios del instituto de Desarrollo Económico. Madrid, 1967, y *"Las migraciones interiores españolas en 1961-1970"*. Instituto de Estudios Económicos, Madrid, 1975.

(7) CARVAJAL; Mª Carmen y SAENZ LORITE, M.- *"Aspectos demográficos de Andalucía Oriental"*, en Información Comercial Española, nº 507, 1975, pp. 123-152, y BARRUTIESA, A.- *"Los temporeros"*. Cuadernos para el Diálogo, mayo 1974.

(8) *"Censo de la Riqueza Territorial e Industrial de España en el año 1799 formado por orden superior"*. Madrid, Ministerio de Hacienda, 1960.

(9) SOLIS, R.- *"El Cádiz de las Cortes"*. Madrid, Alianza Editorial, 1969, y BURGOS MADRONERO, M.- *"Málaga, siglos XVIII-XIX. Los extranjeros"*. Rev. Jábeca, nº 7, Málaga, 1974, pp. 49-59.

(10) *"Nouvrelle Géographie Universelle"*. Paris, 1876, tomo I, pag. 648.

(11) FERNANDEZ SUAREZ, A.- *"España, árbol vivo"*. Madrid, Aguilar, 1961, pag. 218.

(12) *"Andalucía como hecho regional"*. Universidad de Granada, 1975, pag 101.

(13) BOSQUE MAUREL, J.- *"El cultivo en huertos enarenados en la costa mediterránea entre Almería y Málaga (España)"*, en «Aportación Española al XX Congreso Geográfico Internacional». Madrid, 1964, pp. 219-225, y GARCIA MANRIQUE, E.- *"Los cultivos subtropicales de la costa granadina"*. Universidad de Granada, 1972.

(14) VILLEGAS MOLINA, F.- *El turismo en Andalucía''*. Bol. R.Soc. Geográfica, 1975.

(15) MINISTERIO DE INDUSTRIA. *''Plan Nacional de Minería''*. Madrid, 1971.

(16) FERNANDEZ RODRIGUEZ, F.- y otros,- *''Evaluación económica de los Polos de Desarrollo. I. Huelva, Sevilla, La Coruna, Vigo''*. Madrid, Instituto de Desarrollo Económico, 1972, y BOSQUE MAUREL, J.- *''Peñarroya-Pueblonuevo del Terrible, un ejemplo de industrialización en Sierra Morena''*. Cuadernos de Geografía de la Universidad de Granada (en prensa).

(17) LASUEN, J.R.- *''Sectores prioritarios del desarrollo español''*. Madrid, Guadiana, 1973, pag. 58.

(18) BOSQUE MAUREL, J.- *''Estructura económica y problemas de inversión en Andalucía''*. Conferencia pronunciada en las VI Jornadas Sindicales de Alta Dirección de Empresas (Granada, 1975), Cuadernos de Geografía de la Universidad de Granada, VII, 1977.

(19) ROLDAN LOPEZ, S. y GARCIA DELGADO, J.L.- *''Los nuevos mecanismos de equilibrio de la economía española con el exterior''*, en «La España de los Años Setenta», II, La Economía, Madrid, 1973, pp. 833-858.

II

La distribución de la explotación agraria en Andalucía

Artículo publicado en *Anales de Sociología,* N°s 4-5 dedicados a Andalucía, II, 1968-1969, pp. 3-10.

"La bética tuvo un cultivo muy floreciente bajo los romanos, como atestigua Columela, originario de ella, y el primero de los escritores geopónicos; y le tuvo tambien bajo los árabes, aunque gobernada por leyes despóticas; porque ni unos ni otros conocieron la amortización ni los demás estorbos que encadenan entre nosotros la propiedad y la libertad del cultivo. Desde la conquista de estas provincias nada se adelantó en ellas, antes han caido las cosechas de aceite y granos, y se han perdido las de higo y seda, de que los moros hacían tan gran comercio".

(Gaspar Melchor de Jovellanos, *Informe sobre la ley agraria,* pag, 17)

La estructura del campo español ofrece una característica dicotomía. *"Las explotaciones agrarias presentan en cuanto a extensión dos situaciones extremas inconvenientes. Por una parte, existen las de gran dimensión, algunas de las cuales se encuentran deficientemente capitalizadas, con niveles inadecuados de aprovechamiento y productividad. Por otra, se presenta una excesiva atomización, unida a una gran diseminación de las parcelas que la integran. En este tipo de explotaciones la ausencia de capital constituye la regla general"* (1). En tal oposición Andalucía es -y ha sido- el ejemplo más representativo -con Extremadura- del primer elemento de la disyuntiva. En 1962, en el Informe del Banco Mundial, y las cosas no se han modificado desde entonces, se decía: *"Las regiones con mayores fincas rústicas se encuentran en la mitad meridional de España* (*Castilla la Nueva, Extremadura y Andalucía*)*"* (2). Y cualquier sondeo, por superficial, que sea, en el pasado implica idéntica situación estructural. Sim embargo, los análisis realizados hasta el momento apenas han pasado de la epidermis del problema a causa de la falta de materiales estadísticos que, por lo general, no sobrepasan el estadio provincial; única excepción son los reunidos por Pascual Carrión (3) en los años anteriores a 1932, y que en su nivel municipal han sido poco utilizados y tampoco tienen una fiabilidad absoluta. La aparición del Censo Agrario de 1962 (4) significó la existencia de unos nuevos materiales de trabajo, cuyo empleo son la base de este estudio que, en principio, solo pretende la cartograficación del latifundismo andaluz, a fin de que con ello podemos tener un punto de partida para ulteriores investigaciones. Su resultado ha sido la serie de cuatro mapas que recogen la significación a escala municipal de las explotaciones de más de 300 Has. y de menos de 10 has. en cada una de los dos conjuntos regionales en que se puede dividir Andalucía (5). Un trabajo cartográfico similar en su objetivo aunque no en su método es el realizado por Michel Drain (6) y referido a las provincias de Huelva, Sevilla, Córdoba, Cádiz y Málaga.

1. LAS DIFERENCIAS Y LOS CONTRASTES ESTRUCTURALES

El Primer Censo Agrario señala la existencia en España de un total de 2.837.240 explotaciones, con un total de 43.904.895 Has. de superficie (7). En ese conjunto, existen 1.831.470 esplotaciones menores de 5 Has., es decir, el 64,55 por 100 de España, con sólo 2.980.116 Has. y el 6,79 por 100 de la superficie total, en oposición a 51.579 explotaciones mayores de 100 Has., el 1,82 por 100, que reunen 24.430.401 Has., el 55,44 por 100 de la superficie cubierta por las explotaciones censadas. La primacía de las explotaciones grandes es evidente, siendolo aún más si se consideran las superiores a 300 Has., que siendo en total 19.808 (0,69%), totalizan 19.740.820 Has. y significan el 44,96 por 100 de la extensión censada.

La distribución por grupos de explotaciones es muy diferente según las regiones establecidas por el citado Censo Agrario, y que se señalan a continuación:

Tabla nº 1

Distribución porcentual de la superficie según la dimensión de las explotaciones

	5 Has.	De 5 a a 20 Has.	De 20 a 100 Has.	De 100 y más Has.	Total
Andalucía Occidental...	3,37	9,30	18,19	69,14	100
Andalucía Oriental ...	8,39	15,12	21,15	55,34	100
Castilla la Vieja...	3,68	17,31	32,98	46,03	100
Castilla la Nueva	3,16	13,16	26,38	57,30	100
Aragón	3,14	12,27	20,28	64,31	100
Levante	11,36	16,27	15,76	56,61	100
León	5,35	19,60	23,58	51,47	100
Cataluña-Baleares... ...	8,94	23,42	23,58	44,06	100
Extremadura	4,49	13,23	18,32	63,96	100
Rioja-Navarra	7,72	19,02	22,02	51,24	100
Galicia	27,29	32,43	8,26	32,02	100
Vascongadas	8,30	28,66	21,33	41,71	100
Canarias	15,69	16,23	13,95	54,13	100
Asturias-Santander ...	10,85	12,78	2,44	73,93	100
España	6,79	16,25	21,52	55,44	100

Fuente: I Censo Agrario (1962). III, Datos Regionales.

Del examen de la Tabla nº 1 se deduce fácilmente que las explotaciones superiores a 100 Has. predominan por toda la superficie nacional, en la que ocupan como promedio el 55,44 por 100 del total, siendo solo cuatro las regiones -Castilla la Vieja, Cataluña-Baleares, Galicia y Vascongadas- con porcentajes inferiores al 50 por 100. Entre las restantes, con predominio de explotaciones mayores de 100 Has., se destacan, por este orden,

Asturias-Santander, Andalucía Occidental, Aragón y Extremadura, ocupando un lugar intermedio, e incluso inferior a la media nacional, Andalucía Oriental.

La situación dominante del latifundio en Andalucía, aun con matices regionales, es evidente. Máxime si se considera el hecho de que en ese predominio de la gran explotación tiene un papel relevante la superficie agrícola. Esta es la diferencia esencial que enfrenta a Andalucía, y sobre todo a la Occidental, con las otras grandes regiones con elevados porcentajes de explotaciones superiores a 100 regiones con elevados porcentajes de explotaciones superiores a 100 Has. En la Tabla nº 2 puede observarse que, en Asturias-Santander, no existe superficie agrícola en esa categoría de las explotaciones, en tanto que Andalucía Occidental ofrece las cifras más altas de toda España, seguida por Extremadura. La misma Andalucía Oriental supera en superficie agrícola al promedio español, así como a todas las regiones septentrionales de España.

Tabla n.º 2

La superficie agricola en las explotaciones de 100 y más Héctareas

	N.º Explotaciones	Superficie total en Hectáreas	Superficie agricola en Hectáreas	Tanto por 100
Andalucía Occidental... ...	6.861	2.765.767	498.600	18,0
Andalucía Oriental	4.744	2.098.340	235.000	11,1
Castilla la Vieja...	5.257	2.266.680	212.000	9,0
Castilla la Nueva	9.729	4.450.507	639.500	14,3
Aragón	4.831	2.730.198	183.100	6,7
Levante	2.694	1.553.477	65.500	4,2
León	3.449	1.771.908	136.300	7,6
Cataluña-Baleares...	4.270	1.329.375	76.400	5,6
Extremadura	6.008	2.406.934	274.400	11,4
Logroño-Navarra	1.285	714.389	35.000	4,9
Galicia	719	772.191	1.500	0,1
Vascongadas	585	268.752	3.000	1,1
Canarias	384	243.813	12.000	4,9
Asturias- Santander	763	968.070	- -	- -
España	51.579	24.340.401	2.265.000	9,4

Fuente: I Censo Agrario (1962). III, Datos Regionales

Por otra parte, la gran explotación no sólo domina internamente la estructura agraria andaluza, con porcentajes brutos que, sin embargo, a menudo no son muy mayores que en otras regiones españolas. Además, la concentración de la gran explotación en el Sur de España es evidente y clara. En primer lugar, Andalucía, dentro del conjunto peninsular, reune las cifras absolutas mayores de fincas con más de 100 Has; según el Censo Agrario de 1962, las dos regiones andaluzas reunen 11.505 explotaciones de este tipo, el 22,30 por 100 español, con una superficie de 4.782.748 Has., es decir el 19 por 100. Por otra parte, considerando las fincas superiores a 300 Has. (Tabla nº 3), las tradicionalmente latifundistas, resulta aún considerable la concentración: 3.912 explotaciones, con 3.472.860 Has., el 17,59 por 100 del total español de ese grupo de explotaciones.

Tabla n.º 3

Superficie en Has. de las explotaciones de más de 100 Has.

	De 100 a 300 Has.	De 300 a 500 Has.	De 500 a 1.000 Has.	Más de 1.000 Has.	Total
Andalucía Occidental	767.281	468.857	605.893	963.050	2.805.081
Andalucía Oriental ...	542.607	242.251	312.839	879.970	1.977.667
Andalucía	1.309.888	711.108	918.732	1.843.020	4.782.748
España	5.525.419	3.138.275	4.670.836	11.931.709	25.266.239

Fuente: I Censo Agrario (1962). Volúmenes provinciales núms. 4, 11, 13, 18, 21, 23, 29 y 41.

Si Andalucía tiene marcado carácter latifundista, las diferencias entre sus diversas provincias y comarcas son acusadas. Sin que falte incluso el típico contraste entre el latifundio y el minifundio en una misma área administrativa. El examen de la distribución provincial (Tabla nº 4) de las explotaciones inferiores a 10 Has. y mayores de 300 Has. permite comprobarlo (8).

Tabla n.º 4

Minifundio y Latifundio en Andalucía

		Menores de 10 Has.		Mayores de 300 Has.	
	Total hectáreas	Hectáreas	Tanto por 100	Hectáreas	Tanto por 100
Almería	812.564	77.065	9,49	332.667	40,88
Granada	1.139.089	161.620	14,18	520.472	46,00
Jaén	1.224.665	186.314	15,23	542.833	44,23
Málaga	642.499	109.542	17,04	248.457	38,67
Andalucía Oriental ...	3.818.817	534.541	13,99	1.644.429	43,01
Cádiz	678.527	40.442	5,96	395.595	58,30
Córdoba	1.233.956	98.685	7,99	480.290	38,92
Huelva	902.481	62.686	6,95	543.277	60,19
Sevilla	1.251.674	78.416	6,26	618.633	49,46
Andalucía Occidental..	4.266.638	280.229	6,81	2.037.795	50,18
Andalucía	7.885.455	814.770	10,33	3.682.229	46,63
España	41.650.089	5.808.598	13,01	19.740.820	44,21

Fuente: I Censo Agrario (1962). Volúmenes provinciales núms. 4, 11, 13, 18, 21, 23, 29 y 41.

Las diferencias son evidentes. Andalucía Oriental, con un porcentaje de explotaciones menores a 10 Has. que rebasa el promedio nacional y una tasa inferior de grandes fincas, se esboza muy diferente a Andalucía Occidental, con escaso número de explotaciones inferiores a 10 Has. y un más elevado índice latifundista. La importancia del minifundio, muy variable por otra parte, dentro de las provincias orientales es tal que, recientemente, ha comenzado a funcionar el Servicio de Concentración Parcelaria (9).

Los contrastes no se limitan, además, al ámbito provincial, sino que, a menudo, son considerables dentro de los límites de muchos municipios andaluces, incluso en los más predominantemente latifundistas. Caro Baroja (10) señaló acertadamente esa típica estructura de la Campiña cordobesa, que puede hacerse extensiva a toda la Campiña andaluza, una de las comarcas más caracterizadas por el predominio de la gran explotación. En el *"ruedo"*, el área inmediata al núcleo de población principal, predominan las explotaciones menores, inferiores a 10 Has., y a menudo con menos de 1 Ha.; en el *"transruedo"*, que rodea al interior, no faltan tampoco las pequeñas explotaciones, aunque ya aparecen las de tamaño medio y grande, y, finalmente, en la "campiña" propiamente dicha se asientan las grandes propiedades, los famosos y característicos *"cortijos"*. La situación es muy similar en el Alto Guadalquivir, como muestran los estudios de Higueras Arnal, en las sierras del Sur de Córdoba analizadas por Ortega Alba y en las altiplanicies béticas interiores (11).

En el mismo caso de los latifundios no faltan los matices. Por tradición, geógrafos, economistas y sociólogos han dicho nombre a toda finca que rebase las 250 Has. de extensión, sin tener en cuenta sus características intrínsecas de calidad de la tierra, condiciones del medio físico y grado de aprovechamiento. Pero son evidentes no sólo las diferencias de tamaño -en el conjunto de Andalucía existen, según el Censo Agrario, 1.879 explotaciones entre 300 y 500 Has., 1.344 que oscilan entre 500 y 1.000, así como 815 superiores a 1.000 Has.-, sino también las institucionales, ya que son muchos los latifundios de propiedad estatal, municipal y comunal, aparte los privados, y las estrictamente económicas, en razón a la clase y al grado de aprovechamiento del suelo.

Aunque el Censo Agrario no diferencia la forma de propiedad, en amplias áreas andaluzas abundan las grandes fincas de propios y comunales. Así ocurre, por ejemplo, en torno a Sierra Nevada, cuyos municipios, típicamente latifundistas, lo son en un 90 por 100 de tipo municipal o estatal (12). Por su parte, la sierra de que fue declarada de *"realengo"* a raíz de la Reconquista, todavía es propiedad estatal por encima de los 1.200 metros, cuyas tierras han pasado en su mayor parte a manos del Patrimonio Forestal, con la excepción quizás momentánea de su porción sureste (13). Finalmente, en la serranía de Ronda la gran propiedad es en su mayor parte pública y está ocupada casi exclusivamente por tierras incultas altamente productivas (alcornoques, castaños, encimas y pastos) (14). Si ésta es la norma más generalizada para las Cordilleras Béticas, sobre todo en máximas altitudes, no sucede lo mismo en Sierra Morena, esencialmente de dominio privado (15).

Y, en cuanto al nivel de aprovechamiento, es preciso señalar que sólo una parte de las grandes fincas es cultivable ''ni toda susceptible, actualmente, de un mejor aprovechamiento'' (16). Si en el total de 11.505 explotaciones andaluzas con más de 100 Has., sólo 676.506 Has., el 14,1 por 100 de la superficie global, se cultiva, ello es debido a que una parte, al menos, del área no cultivada corresponde a tierras de simple valor silvopastoril o, incluso, sin aprovechamiento factible, justificandose así la existencia de dos tipos de latifundio, el de ''sierra'', que ocupa una gama muy diversa de suelos, desde aquellos prácticamente inútiles hasta otros cultivables, pasando por los estrictamente forestales, y el de ''campiña'', o latifundio económico, caracterizado por su explotación extensiva con insuficiente empleo de capital (17). De acuerdo con este criterio económico, lo importante no es la extensión, sino la inversión de capital por hectárea, y la consiguiente obtención no tanto de un elevado rendimiento como de una fuerte productividad. Es claro que otro problema muy diferente es el de la relación de propiedad de la tierra (18).

2. LA DISTRIBUCION COMARCAL DE LAS EXPLOTACIONES

Predominio de la gran explotación y de la gran propiedad. He aquí la característica fundamental de la estructura agraria andaluza. Sin embargo, ya hemos visto a grandes rasgos sus acusados contrastes y sus fuertes diferencias. Y todavía son mayores éstos si consideramos la estructura agraria por municipios y, a partir de éstos, por comarcas geográficas. Para este objetivo, los datos del I Censo Agrario constituyen una fuente esencial. Con ellos se han preparado en el Departamento de Geografía de la Facultad de Letras de la Universidad de Granada los cuatro mapas de estructura agraria que acompañan a este trabajo, y que se refieren a las dos grandes unidades regionales andaluzas, Andalucía Occidental (Cádiz, Córdoba, Huelva y Sevilla) y Andalucía Oriental

(Almería, Granada, Jaén y Málaga). Por un lado, representan -a escala 1 : 400.000 y a nivel municipal- la significación porcentual de la superficie de las explotaciones con menos de 10 Has., y por otro de las que cuentan con más de 300 Has., respecto siempre al total del municipio. Dichos valores pueden servir, en principio, de límite cuantitativo al minifundio y al latifundio, respectivamente. El examen, aunque sea muy somero, de dichos mapas revela profundas diferencias comarcales mucho mayores en la distribución de las grandes explotaciones que en la del minifundio. Asimismo, la diversidad entre esos dos grandes tipos de explotaciones es mayor en Andalucía Oriental que en las provincias occidentales.

a) *Andalucía Occidental*

Los mapas de Andalucía Occidental revelan la escasa importancia del minifundio, al menos respecto a su significación dentro de la superficie agraria municipal analizada. Así, sobre un total de 297 municipios que suman entre las cuatro provincias, sólo en 25 puede hablarse de un cierto carácter minifundista, puesto que sólo en ellos las explotaciones con menos de 10 Has. superan el 30 por 100 de la superficie municipal censada, sin rebasar en ningún caso el 50 por 100. Por otra parte, se trata siempre de pequeños territorios municipales con escasa posibilidad de fincas grandes, y en muchos casos incluidos en áreas irrigadas o inmediatas a las grandes ciudades andaluzas. Tres pequeñas áreas se destacan en la región: 1° las Sierras Subbéticas cordobesas, en el mediodía provincial que limita con Granada y Jaén; 2° el "hinterland" sevillano, especialmente en las inmediatas comarcas del Aljarafe y, en menor cuantía, del Condado, y 3° el litoral de la bahía de Cádiz.

Por el contrario, los municipios latifundistas, considerando como tales aquellos en que las explotaciones mayores de 300 Has. abarcan más del 50 por 100 de la superficie municipal censada, tiene carácter mayoritario. En Cádiz, solo 21 sobre un total de 42 no alcanzan esas cifras, e incluso en nueve de ellos las explotaciones superiores a 300 Has. comprenden más del 30 por 100 de su extensión. Y esta situación es la general en las restantes provincias de Andalucía Occidental: en Córdoba, son nueve los municipios latifundistas sobre un total de 75; en Huelva, 39, sobre 78, y en Sevilla, 75, sobre 102.

A partir de estas premisas, el análisis detallado de la cartografía obtenida con base municipal permite distinguir las siguientes áreas comarcales de estructura agraria en cuanto a las explotaciones:

1° Una faja de grandes explotaciones silvoganaderas (58,8% de fincas mayores de 300 Has. respecto al conjunto superficial de las explotaciones censadas) dispuesta a lo largo de Sierra Morena y al N. del río Guadalquivir. Se trata del área típica del "latifundio de sierra", aunque con la particularidad de tratarse de explotaciones privadas en su mayor parte. En toda la región, salvo en los cordobeses Pedroches (19), que únicamente tienen un 33 por 100 de grandes explotaciones, las fincas superiores a 300 Has. abarcan más del 50 por 100 de la superficie censada, alcanzando sus índices máximos en la Sierra de Códoba (74,5%) y Jaén (70,4) y en la Tierra Alta de Huelva (59,7%), con su centro en la sierra de Aracena (20).

2° Una región de estructura compleja que coincide, aproximadamente con las Campiñas Béticas (21), desde Jaén hasta la frontera portuguesa, y que está limitada al N. por el Guadalquivir y Sierra Morena y al S. por las sierras Subbéticas y el litoral onubense. Salvo las excepciones de municipios minifundistas antes señaladas, precisamente concentrados en esta región, predominan las explotaciones con más de 300 Has., que por lo general abarcan más del 40 por 100 de las superficies municipales censadas y, en conjunto, comprenden el 37,1 por 100 de la superficie regional. Sin embargo, pueden señalarse diversos matices comarcales:

a) la Campiña de Córdoba, dominada por la gran y mediana explotación -37,2 por 100 de fincas superiores a 300 Has.-, aunque con importantes enclaves de pequeña explotación, como Monturque (46,9%), Fernán Núñez (36,1), Montemayor (28,4) y La Carlota (27,5%), entre otros. Entre los primeros se destacan El Carpio (62,6), Palma del Río (54,9) y Córdoba (48,9) (22).

b) la Campiña sevillana, con mayoría de explotaciones grandes y, menor proporción, medianas, entre las cuales las primeras constituyen el 38,6 por 100 de la superficie censada, y numerosos municipios donde ese tipo de fincas significan más del 50 por 100 de su extensión, hasta un total de ocho sobre treinta, y otros tantos que oscilan entre el 40 y el 50 por 100. Además, éstos municipios son los de mayor teritorio: Utrera (56%), Osuna (55), Carmona (48) y Ecija (39), por ejemplo. En general, se trata de una región dominada por una agricultura a la vez bastante racionalizada pero con fuertes raices tradicionales y susceptible de profundas mejoras (23).

c) el complejo Aljarafe-Condado de Niebla, con el mayor número de municipios minifundistas de la región, situados en dos diferentes conjuntos, en el Aljarafe occidental, en las proximidades de Sevilla, y en torno a La Palma del Condado, con más del 30 por 100 de explotaciones inferiores a 10 Has., más al O., que coexisten con un cinturón de municipios latifundistas, como Niebla (64%). Así, las dos comarcas alcanzan un promedio del 44,8 por 100 de explotaciones mayores de 300 Has.

d) La Tierra Llana de Huelva, con predominio absoluto de los municipios latifundistas, ya que sólo los fronterizos Ayamonte y Villablanca tienen menos del 20 por 100 de fincas con más de 300 Has, y en consecuencia un 55 por 100 de estas explotaciones para el conjunto comarcal.

3° Un conjunto de comarcas, las Marismas, la Campiña de Jerez y las Sierras Béticas gaditanas y su piedemonte, que constituyen la máxima concentración de la explotación y, posiblemente, de la propiedad rural de Andalucía (24). Las fincas de más de 300 Has., en su mayoría de carácter privado -las excepciones, excasas, corresponden a las Marismas y a algunos municipios serranos-, significan el 67,5 por 100 de la superficie censada, con algunos de los índices de latifundismo más altos de Andalucía, sobre todo si se tienen en cuenta la importancia de sus tierras cultivadas. En Jerez de la Frontera, el mayor ayuntamiento español, las grandes explotaciones comprenden el 65 por 100 de su superficie, en Barbate de Franco, el 62,8 por 100, y en Arcos de la Frontera, el 55,2 por 100. Los aprovechamientos ofrecen diferencias extremas entre las Marismas, con predominio del paisaje natural y algunas áreas de irrigación intensiva, la campiña cerealista y vitícola, con excelente ganadería, en torno a Jerez, y las áreas eminentemente forestales y pecuarias de las tierras altas y lluviosas orientales. Una excepción significativa está constituida por los municipios ribereños de la bahía de Cádiz, Chipiona, Rota y San Fernando, estrictamente minifundistas, con más del 30 por 100 de explotaciones inferiores a 10 Has. (25).

El importante latifundismo de Andalucía Occidental justifica el elevado tamaño medio de sus explotaciones, el mayor de España: 29,1 Has., frente a 14,3 Has. en Andalucía Oriental, 21,7 para el conjunto de Andalucía y 15,5 de promedio español. Asimismo, el parcelamiento de las explotaciones es muy reducido dentro de España y la región andaluza: 2,9 parcelas por explotación en Andalucía Occidental mientras que el promedio español asciende a 13 y en Andalucía Oriental es de 3,7 parcelas por cada explotación.

b) *Andalucía Oriental*

A diferencia de Andalucía Occidental Occidental, en la Oriental la pequeña explotación tiene una sensible importancia, sobre todo en determinadas comarcas de la región. Y, sin embargo, ello no excluye que el latifundio, especialmente el de *"sierra"*, alcance gran difusión y tenga considerable valor absoluto y relativo. En todo caso, la concurrencia de estos dos factores justifica que el tamaño de la explotación media (14,3) sea muy inferior al de la otra Andalucía (29,1) y similar al español (15,5), pero que la parcelación de la Alta Andalucía (3,7) recuerda al de la Baja (2,9) y sea muy inferior a la del conjunto de España (13).

Los municipios minifundistas son mucho más numerosos en las provincias orientales andaluzas que en las occidentales: 124 sobre un total de 502, de los cuales 5 en Almería (103 municipios), 17 en Jaén (101), 66 en Granada (198) y 36 en Málaga (100) (26). Estos municipios minifundistas presentan unas claras concentraciones comarcales: 1° la campiña olivarera jiennense y su prolongación por los Montes Occidentales; 2° la Vega de Granada y, en menor proporción, la porción oeste de la Hoya de Guadix; 3° la Alpujarra media y baja; 4° la Costa del Sol granadina, entre Motril y Almuñecar; 5° la Ajarquía malagueña y 6° los valles interiores de la serranía de Ronda (Genal).

Por su parte, la menor trascendencia de la gran explotación en relación a la Baja Andalucía no excluye un predominio y una dispersión general aunque con determinadas concentraciones espaciales: 1° la Sierra Morena jiennense, clara prolongación de las mismas alineaciones que limitan Andalucía Occidental por el N.; 2° El complejo serrano de Cazorla, Segura y La Sagra; 3° el núcleo central penibético de las Sierras Nevada, de Baza y de los Filabres, y 4° la Serranía de Ronda.

En conjunto, y también en detalle, la complejidad de la estructura agraria es muy grande, tanto por la nítida oposición existente entre el latifundio y el minifundio (27), como por la importancia que tienen las explotaciones de tipo medio, entre 50 y 300 Has. especialmente. Atendiendo a todos estos factores cabe distinguir las regiones agrarias que siguen:

1° Una faja de grandes explotaciones, típicos "latifundios de sierra", tanto en la Sierra Morena de Jaén (70,4%), que continúa esa misma región cordobesa y con idénticas características de propiedad privada, como en las sierras Subbéticas que constituyen el nudo orohidrográfico del límite Jaén-Granada-Murcia. En este caso, existe un claro predominio de las grandes fincas forestales y, en menor cuantía, ganaderas de propiedad estatal y municipal, que tienen su centro de gravedad en el triangulo serrano Cazorla-Segura-La Sagra, donde las grandes explotaciones significan como promedio el 61,3 por 100 de la superficie censada y existen municipios, como Santiago de la Espada (85,5%), entre otros, que rebasan ampliamente dicha cifra.

2° El conjunto formado por la Campiña de Jaén y las Lomas de Ubeda-Chiclana -32,3 por 100 de explotaciones mayores de 300 Has.-, con predominio olivarero y, en menor cuantía, cerealista y una complicada y diversa alternancia de áreas minifundistas, latifundistas y mixtas. Al O. de Jaén, un núcleo de monocultivo olivarero (Martos, Torre del Campo, Los Villares, constituye un foco minifundista, con un 35 por 100 de pequeñas explotación y menos del 20 por 100 de fincas grandes. En las Lomas, con una posición central, dominan las explotaciones medias (50%) y las grandes (34,7%), con enclaves minifundistas como Canena, Rus y Santo Tomé. Finalmente, en el SE., el Pasillo de Pozo Alcón se encuentra controlado por la gran explotación que ocupa el 51,3 por 100 de su superficie (28).

3° Una faja compleja olivarera y cerealista, con islas de erial, pastos y bosques en altura, cuyas explotaciones oscilan mayoritariamente entre 50 y 100 Has., incluidos focos de minifundio y latifundio, y que se extiende a lo largo del límite provincial Málaga-Córdoba y Granada-Jaén, por la comarca de Los Montes, a caballo de las Sierras Subbéticas delimitadas por los macizos de Priego al O. y de Cazorla al E. Las explotaciones inferiores a 10 Has. aparecen en el extremo occidental, en el confín de Córdoba con Jaén y Granada, oscilando entre el 20 por 100 (Priego) y el 40 por 100 (Alcaudete), así como en el oriental, mucho peor definido, entre el 15 y el 30 por 100, en Zújar (23%), Cortes de Baza y Pozo Alcón, y con un poderoso complemento latifundistas 43 por 100 de grandes explotaciones en Zújar (29). Entre estos dos focos minifundistas, Los Montes centrales, tanto jiennenses como granadinos, presentan una gran explotación por encima del 40 por 100 como promedio ligada a una importante serie de fincas medianas (40%). En Iznalloz, por ejemplo, las explotaciones mayores de 300 Has. significan el 63,4 por 100 de la superficie total, incluidas cuatro con más de mil hectáreas (37,3%), sin cultivar en un 80 por 100 (30).

4° Dos núcleos de minifundio que coinciden, respectivamente, con las Vegas de Granada y Guadix y están rodeados, en cada caso, por una aureola de secano plenamente latifundista, prolongada por oriente hasta las altiplanicies de Baza y Huescar. En la Vega de Granada dominan las explotaciones pequeñas y medias -según Ocaña (31), el 90 por 100 de los propietarios tienen menos de 5 Has.-, con enclaves aislados y dispersos de gran propiedad- 143 propietarios de más de 50 Has. según la citada autora -en plena regresión y con predominio del secano. En Guadix y su región (Zenete) se reproduce esa situación, pero con una mayor importancia absoluta y relativa de las grandes explotaciones, igual que en los inmediatos regadíos bastetanos (32). En el secano latifundista se destacan, como algunas de las áreas latifundistas mejor definidas de Andalucía, las comarcas de grandes cortijos de Alhama y el Temple, en el SO. de Granada (48,6% de grandes explotaciones para el conjunto y más del 81% de Arenas del Rey) y los llanos altos de Guadix (42,5%) y Baza (48,7%), con varios municipios (Benamaurel, Castillejar, Castril, Gorafe, Huescar y Lapeza) por encima del 60 por 100. Ahora bien, en esta última región, gran parte del latifundio es de *"sierra"* y con escasas o nulas posibilidades de mejor y mayor aprovechamiento (33).

5° La altiplanicie del Zenete, una de las más elevadas de la Península, situada al NE. de Sierra Nevada y al mediodía de Guadix, constituye una de las áreas de minifundio mejor definidas de Andalucía. Este llano suavemente inclinado a unos 1.000-1.100 mts. de Altitud, antiguo señorío, y parcialmente irrigado, se parceló desde finales del siglo pasado hasta límites mínimos aunque conservando viejos usos colectivos (dos hojas, sorteo anual, parcelación en longueros) hasta que la concentración parcelaria ha transformado totalmente la comarca más en la forma que en el fondo(34).

6° La Andalucía minifundista, de explotaciones mínimas, que se extiende por toda la solana mediterránea, entre la Cordillera Penibética y el Mediterráneo. Según Sermet (35), la parcelación de las explotaciones y la gran división de la propiedad es la característica más acusada de esta región que denomina Andalucía del Mediterráneo. El minifundio tiene máxima representatividad a) en las laderas serranas litorales de la Contraviesa (Baja Alpujarra), Almijara (Costa granadina) y Ajarquía malagueña, cuyos municipios tienen más del 30 por 100 de su superficie ocupada por explotaciones inferiores a 10 Has.; b) en los valles interiores penibéticos y, en especial, en el Genal (Málaga), Lecrín (Granada), Alpujarra granadina media y alta, Andarax y Almanzora, en Almería, donde la dependencia del regadío tradicional y la existencia de secanos poco productivos limita el dominio del minifundio a valores entre el 15 y el 30 por 100, y c) en las hoyas litorales de Málaga, Motril y Almería, de vieja pero renovada irrigación, y en los llanos de Manilva (Málaga), Carchuna (Granada) y Dalias-Níjar (Almería), de reciente y revolucionaria colonización (cultivos enarenados y protegidos de primores), con pequeña explotación enlazada a latifundios tradicionales todavía vivos. En todos estos casos, la atomización de la explotación y, hasta cierto punto, de la propiedad llega al máximo, siendo incluso frecuente y normal la distinción entre el dominio del suelo y del vuelo, entre el *"Haza"* misma y los árboles en ella plantados (36).

7º Los *"latifundios de sierra"* que ocupan las tierras altas, por encima de la isohipsa de 1.500 mts., del cinturón montañoso penibético desde la serranía de Ronda (46,5 por 100 de explotaciones mayores de 300 Has.) hasta la sierra de los Filabres y las alineaciones costeras de Almagrera y Gata, cuya máxima aridez provoca extensos eriales y atochares que llegan casi al nivel del mar. Este latifundismo alcanza su máxima concentración y valor en las fincas que escalan las cumbres más altas de Sierra Nevada, sierra de Baza y sierra de Gádor, cuyos municipios rebasan con sus grandes explotaciones el 60 por 100 de la superficie censada. En Sierra Nevada, la Alpujarra Alta alcanza el índice medio del 73 por 100 ocupado por la gran explotación, siendo varios los municipios con valores superiores: Valor (91%), Trevélez (85,7%), Bérchules (77%), Mecina Fondales (86,6%), Cañar (85,3%). Esta gran explotación está formada por bienes estatales comunales o de propios, aparte algunos -muy pocos- de propiedad privada, que complementan con sus pastizales tradicionales y sus aprovechamientos forestales en progreso -en las sierras litorales almerienses, atocha y plantas barrilleras (37)- los beneficios en sus típicos "banceles" por el pequeño campesino de la región. En algunos casos, en franco declive, existen núcleos de roturación aislados a tal altitud, que sólo es posible el cultivo temporal, estrictamente veraniego (38).

CONCLUSION

La gran explotación, con más de 300 Has. de superficie, constituye la base de la estructura agraria andaluza. Sin embargo, no faltan otras formas de explotación, sobre todo el minifundio que llega a caracterizar comarcas muy definidas, sobre todo en Andalucía Oriental. En todo caso, siempre está viva -sobre todo socialmente- la clásica dicotomía española, latifundio-minifundio. Todo ello dentro de una extraordinaria variedad de combinaciones que hacen muy diversas las distintas regiones y comarcas de Andalucía, con matices acusados que exigen un análisis cuidadoso -todavía sin realizar- de esa realidad viva y en cambio que es el Mediodía español.

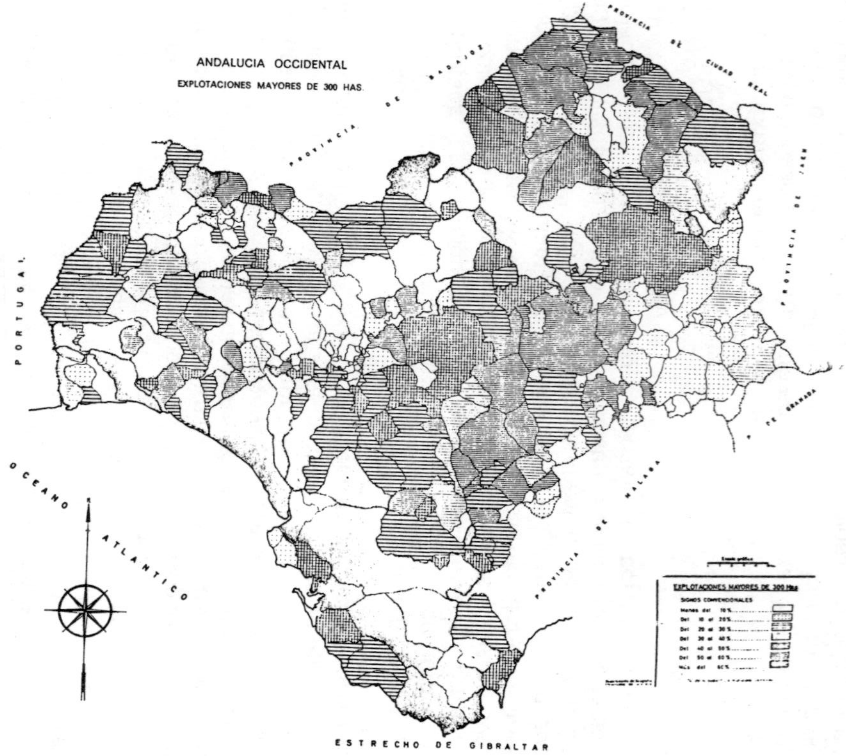
ANDALUCIA OCCIDENTAL
EXPLOTACIONES MAYORES DE 300 HAS.
PROVINCIA DE BADAJOZ
PROVINCIA DE CIUDAD REAL
PROVINCIA DE JAEN
P. DE GRANADA
PROVINCIA DE MALAGA
PORTUGAL
OCEANO ATLANTICO
ESTRECHO DE GIBRALTAR
EXPLOTACIONES MAYORES DE 300 Has
SIGNOS CONVENCIONALES
Menos del 10%
Del 10 al 20%
Del 20 al 30%
Del 30 al 40%
Del 40 al 50%
Del 50 al 60%
Más del 60%

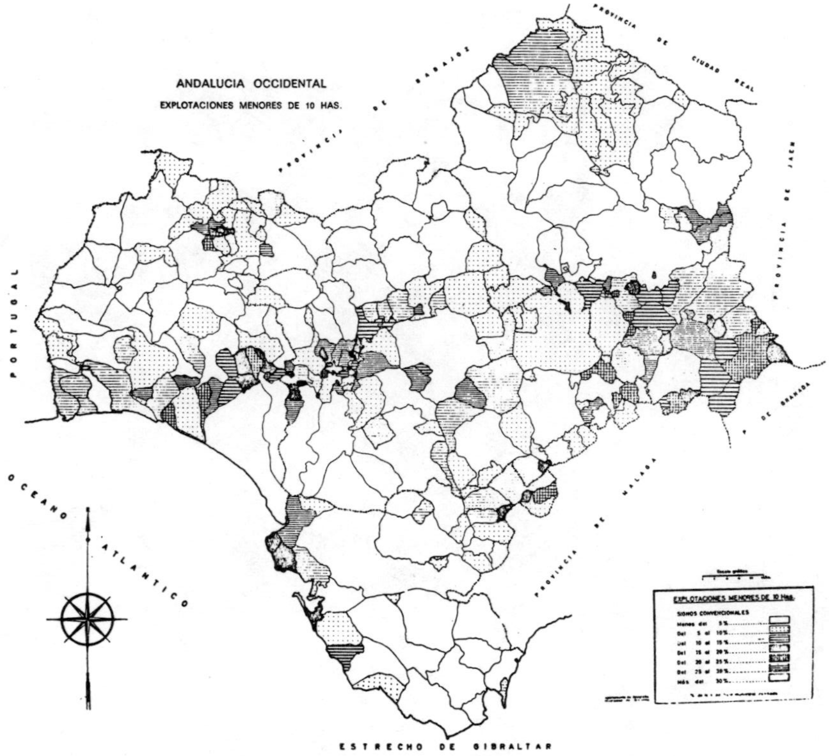
ANDALUCIA OCCIDENTAL
EXPLOTACIONES MENORES DE 10 HAS.
PROVINCIA DE BADAJOZ
PROVINCIA DE CIUDAD REAL
PROVINCIA DE JAEN
DE GRANADA
PROVINCIA DE MALAGA
PORTUGAL
OCEANO ATLANTICO
ESTRECHO DE GIBRALTAR
EXPLOTACIONES MENORES DE 10 Has.
SIGNOS CONVENCIONALES
Menos del 5%
Del 5 al 10%
Del 10 al 15%
Del 15 al 20%
Del 20 al 25%
Del 25 al 30%
Más del 30%

ANDALUCIA ORIENTAL

EXPLOTACIONES MAYORES DE 300 HAS.

ANDALUCIA ORIENTAL

EXPLOTACIONES MENORES DE 10 HAS.

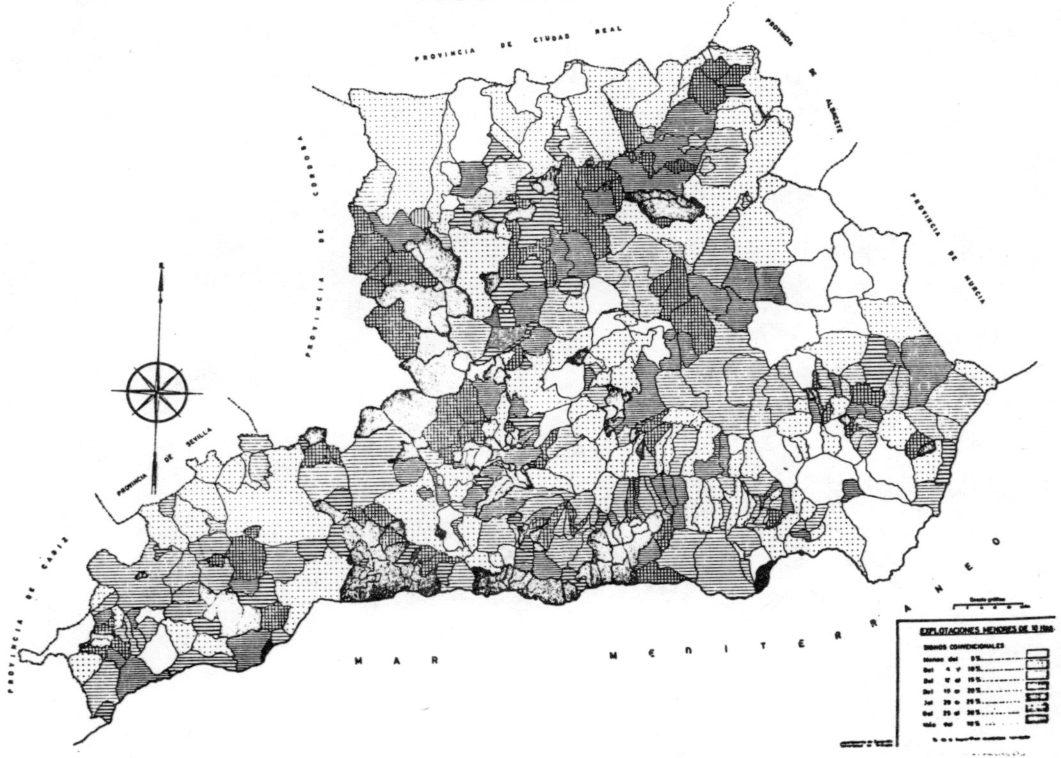

NOTAS

(1) *"Plan de Desarrollo Económico y Social. Años 1964 a 1967"*. Madrid, 1963, pag. 166.

(2) *"Informe del Banco Internacional de Reconstrucción y Fomento"*. Madrid, Oficina de Coordinación y Programación Económica, 1962, pag. 397.

(3) *"Los latifundios en España"*. Madrid, 1932.

(4) INSTITUTO NACIONAL DE ESTADISTICA; MINISTERIO DE AGRICULTURA Y ORGANIZACIÓN SINDICAL.- *"Primer Censo Agrario de España, año 1962"*. Madrid, 1964. Resultados provisionales: I. Totales Provinciales; II. datos municipales, y III. Datos regionales. Madrid, 1963. Los volúmenes correspondientes a las provincias andaluzas son: 4. Almería; 11. Cádiz; 13. Córdoba; 18. Granada; 23. Jaén; 21. Huelva; 29. Málaga, y 41. Sevilla. El *"Censo Agrario de 1972"*, recientemente publicado, ofrece sensibles diferencias respecto al anterior, no precisamente mejorandolo, sobre todo por no incluir las superficies en Has. que corresponden a cada tipo de explotación. Por ello, el análisis que se hace en éste artículo no puede repetirse para 1972.

(5) Seguimos la división clásica en Andalucía Occidental, que comprende Cádiz, Córdoba, Huelva y Sevilla, y Andalucía Oriental, con Almería, Granada, Jaén y Málaga. Sobre la división regional de Andalucía, vid. SERMET, J.- *Essai d'une division géographique regionale de l'Andalousie"*. Las Ciencias, nº 3 y 4, pp. 509-520; BOSQUE MAUREL, J.- *"Originalidad y variedad de Andalucía"*. Bol. Cámara Comercio Granada, IV, nº 16, 1962, pp. 5-8 y *"Factores geográficos en el desarrollo de Andalucía"*, en «Estudio Socioeconómico de Andalucía», Instituto de Desarrollo Económico, Madrid, 1971, Tomo III, pp. 219-448, y CAZORLA PEREZ, J.- *"Factores de la estructura socioeconómica de Andalucía Oriental"*. Publ. de la Caja de Ahorros de Granada, 1965.

(6) *"Las exploitations agraires de l'Andalousie Occidentale"*. Melanges de la Casa de Velázquez, III, 1967, pp. 477-486.

(7) Toda la documentación estadística utilizada, salvo indicación en contrario, procede del I Censo Agrario de España, año 1962. El mecanismo utilizado para realizar el Censo, mediante muestreos aleatorios en los Avances regionales y totalización de los datos individuales en los resultados provinciales y municipales explican los diferentes totales estadísticos que existen en los cuadros. La realización de la cartografía ha sido posible gracias a la colaboración económica del Ministerio de Educación y Ciencia, a través de la Ayuda a la Investigación, y de la Comisaría del Plan de Desarrollo Económico-Social (Encuesta sobre Andalucía).

(8) Los criterios existentes para establecer los umbrales que definan la pequeña (minifundio) y la gran (latifundio) explotación/propiedad son muchos y no siempre coincidentes ni conceptual ni estadísticamente. Pascual Carrión, primero, y más tarde Malefakis sitúan los límites en 10

Has., 100 y 250 Has. para la pequeña, mediana y gran propiedad, habiendo seguido este camino otros muchos (Anlló, Flores). García Badell utiliza los valores de 5 y 50 Has. aparte de que considera fundamental la imposición, como hicieron más tarde García Manrique y otros investigadores geógrafos (Cano, Ortega, Rodríguez Martinez, entre otros). Y no terminan aquí las posibilidades. Por mi parte, el instrumento empleado, el Censo, me ha obligado a modificar el criterio de Carrión, el más adecuado si se parte de sólo la superficie, elevando el límite de la gran explotación a 300 Has.

(9) Empezó su labor en el Marquesado del Zenete (Granada) en 1964, en los municipios de Albuñán, Aldeire, Cogollos de Guadix, Darro, Dólar, Ferreira, Huéneja y La Calahorra, terminados en 1971.

(10) *"En la Campiña de Córdoba. Observaciones de 1949",* en «Razas, Pueblos y Linajes». Madrid, Rev. de Occidente, 1957, pp. 233-259. Sobre el minifundio en Andalucía Occidental y su origen histórico es fundamental el excelente estudio de BERNAL, A.M.- *"El minifundio en el régimen de propiedad agrária latifundista de Andalucía",* en «La propiedad de la tierra y las luchas agrárias andaluzas», Barcelona, Ariel, 1974, PP. 59-106.

(11) HIGUERAS ARNAL, A.- *"El Alto Guadalquivir. Estudio geográfico".* Zaragoza, Instituto de Geografía Aplicada, 1961, pags. 127 y sigs.; ORTEGA ALBA, F.- *"El Sur de Córdoba. Estudio de Geografía Agraria".* Córdoba, Caja de Ahorros, 1974; BOSQUE MAUREL, J.- *"Subdesarrollo y despoblación en Andalucía Oriental: las altiplanicies de Baza y Huéscar (Provincia de Granada)".* Conferencia Regional Latinoamericana de la UGI, México, 1966, I, pp. 199-208, y CANO GARCIA, G.M.- *"La comarca de Baza. Estudio de Geografía Humana".* Valencia, Departamento de Geografía, 1974, pp. 227 y sigs.

(12) BOSQUE MAUREL, J.- *"El hombre y el medio en Sierra Nevada".* Bol. Cámara Comercio Granada, nº 11, 1961, pp. 10-13 y *"Granada. La Tierra y los Hombres".* Granada, Universidad de Granada, 1971, pp. 91 y sigs.

(13) CANO GARCIA, G.M.- *"La comarca de Baza",* pag. 280.

(14) RODRIGUEZ MARTINEZ, F.- *"La Serranía de Ronda. Estudio geográfico".* Málaga, Caja de Ahorros de Ronda, 1977, pag. 389.

(15) ROUX, B.- *"Crisis agraria en la sierra andaluza".* Publ. Univer. de Sevilla, nº 3. Sevilla, 1975 y CARANDELL, L. y BARRENECHEA, E.- *"La Andalucía de la Sierra".* Col. Los Suplementos, nº 45. Madrid, Edicusa, 1974.

(16) CAPELO MARTINEZ, M.- *"Fundamentos del desarrollo económico de Andalucía".* Madrid, C=S.I.C., 1963, pag. 209.

(17) Vid. *"XIII Semana Social de España".* Discurso de apertura. Córdoba, 1953.

(18) Vid. CAPELO MARTINEZ, M.- Obra citada, pag. 211; ANLLO, J.- *"Estructura y problemas del campo español".* Madrid, Edicusa, 1966, pp. 34-35; MARTINEZ ALIER, J.- *"La estabilidad del latifundismo".* Paris,

Ruedo Ibérico, 1968, pag. 321 y sigs., y NAREDO, J. ML.- *"La evolución de la agricultura en España. Desarrollo capitalista y crisis de las formas de producción tradicionales".* Barcelona, Estela, 1971.

(19) CABANAS, R.- *"Los Pedroches".* Rev. Est. Geográficos, XVIII, 1967, pp. 202-206, y VALLE BUENESTADO, B. del.- *"Villanueva de Córdoba. Un municipio de los Pedroches"* (en prensa).

(20) ROUX, B.- Obra citada, y MARQUEZ FERNANDEZ, D.- *"La Geoeconomía forestal de Huelva y el dilema de sus eucaliptales".* Sevilla, Instituto de Desarrollo Regional, 1977.

(21) BOSQUE MAUREL, J.- *"Factores geográficos"...,* pag. 273 y sigs.

(22) LOPEZ ONTIVEROS, A.- *"Emigración, propiedad y paisaje agrario en la Campiña de Córdoba".* Barcelona, Ariel, 1974, pag. 299.

(23) Vid. DRAIN, M.- *"Carte des paysages et structures agraires de l'Andalousie occidentale".* Melanges de la Casa de Velázquez, IV, 1968, pp. 371-386; BERNAL, A.M.- *"Les campagnes sevillanes aux XIX°-XX° siecles".* Publ. Casa de Velázquez. Paris, 1975, y ABBAD, F. y otros.- *"Classes dominantes et societé rural en Basse Andalousie".* Publ. de la Casa de Velázquez, Paris, 1977.

(24) DRAIN, M.- *"Situation actuelle du vignoble de Xérès".* Annales de Geo-LXX, 1961, pp. 378-391.; BAHR, W.- *"Die Marismas das Guadalquivir und das Ebrodelta".* Bonn, F. Dumlers Verlag, 1972; ZOIDO NARANJO, Fl. *"Isla Mínima. Aspectos geográficos-agrarios del arrozal sevillano".* Publ. Universidad de Sevilla, 1973, y RUBIO REGIO, J.ML. *"El Parque Nacional y Las reservas biológicas de las Marismas del Guadalquivir".* Rev. Est. Geográficos, XXXVII, 1976, pp. 105-111.

(25) VALVERDE ALVAREZ, J.- *"El paisaje y los modos de vida en Sanlucar de Barrameda".* Rev. Geographica, VI, 1959, pp. 71-83.

(26) Sobre la base de los municipios existentes en el momento de la realización del Censo Agrario de 1962, ya que posteriormente a causa de la concentración de ayuntamientos su número ha disminuido en algunas provincias.

(27) BOSQUE MAUREL, J.- *"Latifundio y minifundio en Andalucía Oriental",* Rev. Estudios Geográficos, XXXIV, 1973, pp. 457-500.

(28) HIGUERAS ARNAL, A.— Obra citada, pag. 127. Vid. también GUARNIDO OLMEDO, V.- *"Estudio geoeconómico de la provincia de Jaén".* Cámara Comercio de Jaén, Jaén, 1977, pags. 47 y sigs.

(29) ONIEVA MARIEGES, J.ML.- *"Montefrío. Estudio geográfico".* Granada, Univ. de Granada, Granada, 1977, y HUMBERT, A.- *"Le "Monte" dans les Chaines Subbétiques Centrales".* (Tesis de Tercer Ciclo Inédita). Univ. de la Sorbona, 1977.

(30) FERRE BUENO, E.- *"Iznalloz. Un municipio de los Montes Orientales granadisno".* Rev. Est. Geográficos. XXXV, 1974, pp. 53-106.

(31) *"La Vega de Granada. Estudio geográfico".* Granada, 1974, pag. 283.

(32) BOSQUE MAUREL, J.- *"Granada. La tierra y sus hombres"*, pág. 150 y CANO GARCIA, G.M.- Obra citada, pag. 230.

(33) CANO GARCIA, G.M.- Obra citada, pag. 250.

(34) BOSQUE MAUREL, J.- *"Minería y agricultura tradicional en el Marquesado del Zenete"*. Homenaje a Angel Canellas. Univer. de Zaragoza, 1969, pp. 209-208.

(35) *"Essai"...*, pag. 512.

(36) BOSQUE MAUREL, J.- *"Tradición y modernidad en las Alpujarras granadinas (Andalucía Oriental[a]"*, en «Aportación española al XXI Congreso Internacional de Geografía, Nueva Delhi (1968)», Madrid, 1968; GARCIA MANRIQUE, E.- *"El minifundio de la costa mediterránea andaluza"*, en «José Manuel Casas Torres (1944-1969). Veintecinco años de docencia universitaria. Homenaje a una labor». Zaragoza, 1972, pp. 147-170; VILLEGAS MOLINA, F.- *"El Valle de Lecrín. Estudio geográfico"*. Granada, Instituto de Geográfia Aplicada. 1972; SAENZ LORITE, M.- *"El Valle del Andarax y Campo de Níjar"*. Granada, Universidad de Granada y Caja de Ahorros de Almería, 1977 y RODRIGUEZ MARTINEZ, F.- *"La Serranía de Ronda. Estudio geográfico"*. Málaga, Caja de Ahorros de Ronda, 1977.

(37) KLEIPENNING, J.M.G.- *"Cuevas de Almanzora. Problémes agraires ac-d'une commune dans le Sud-Est espagnol semi-aride"*. Bull. Geografisch Institut, n° 3, Utrech, 1965 (Trad, española Rev. Est. Geográficos, XXVIII, 1967, pp. 379-402).

(38) SORRE, M.- *"Normadisme agricole et trashumance dans Sierra Nevada"*. Annales de Géographie, XLI, Paris, 1932, pp. 301-305 (Trad, española Bol Cámara Comercio Granada, n° 37, 1969, pp. 14-16).

III

El cultivo en huertos "enarenados" en la costa mediterranea entre Almería y Granada

Artículo publicado en "Aportación Española al XX Congreso Geográfico Internacional (Reino Unido, Julio-Agosto 1964), Madrid, Instituto" Juan Sebastián Elcano (C.S.I.C.), 1964. pp. 219-226.

"El huerto representa, en fin, la forma más compleja y más rica de explotación del suelo. Por ello soporta densidades de población particularmente elevadas. A causa de los minuciosos cuidados que exige, solo se concilia con la pequeña explotación únicamente se acomoda a la pequeña propiedad. Incluso si el huerto atiende nada más a las exigencias del consumo familiar, tiene también un lugar especial en el organismo rural. Se le reservan los mejores estiercoles y se le conceden los mayores cuidados. Y está, a menudo, dotado de un estatuto diferente que los campos de labor extensiva, por que es inseparable de la vivienda."

(Max Sorre: *Les fondements de la Géographie humaine,* II, 2°, pag. 756)

En los últimos años, la agricultura de la costa surmediterránea española, entre Málaga y Almería, ha sufrido una profunda transformación, que ha revalorizado extraordinariamente determinadas comarcas semidesérticas y antes abandonadas, como el Llano de Carchuna (Granada) y el Campo de Dalías (Almería).

Estas comarcas que, antes de 1950, servían apenas como pastizales de invierno a los rebaños trashumantes que estivaban en Sierra Nevada, han sido convertidas, en su mayor parte, en "Huertos" de gran productividad y elevados rendimientos, con unas cosechas brutas equivalentes, por lo menos, a unas 500.000 pesetas por hectárea y año, que contrastan mucho con las 22.000 Pts. de una hectárea de viñedo, las 35.000 de un maizal o las 125.000 de la caña de azucar, cultivos todos propios de la misma región (1970).

En ese mismo lapso de tiempo, el valor en venta de una hectárea ha pasado de unas 10.000 pesetas como promedio en 1940 -en ese mismo año los pastizales del Llano de Carchuna se vendieron a menos de 1.000 Pts. la hectárea-, a más de 240.000 en 1963 y cifras superiores al medio millon de pesetas en el quinquenio 1970-1975, sin que, por otra parte, sea fácil encontrar ahora a nadie dispuesto a vender sus tierras.

Principal y casi único respondable de esta transformación ha sido la nueva técnica del cultivo de hortalizas tempranas en *"huertos enarenados"* (1).

1) LOS FACTORES FISICOS

Los *"enarenados"* estimulan y acrecientan las favorables condiciones térmicas que reune la costa surmediterránea. Resguardada de las bajas temperaturas del interior peninsular por la barrera montañosa de la cordillera Penibética, que se levanta hasta más de 3.400 metros de altura a menos de 50 kilómetros del Mediterráneo, y orientada hacia el Mediodía, la Costa del Sol es una solana de suaves temperaturas invernales: 13° en enero.

Pero, incluso en un litoral de inviernos tan tibios, la porción oriental correspondiente a las provincias de Granada y Almería, sede principal de los *"enarenados",* goza de temperaturas aún más suaves, así como del índice de mayor número de días de sol de toda la Península Ibérica y de uno de los más altos de todo el Mediodía de Europa, no siendo nunca muy inferior a los correspondientes a los paises del litoral meridional mediterráneo. Mientras que enero, en Málaga, alcanza temperaturas medias del orden de 12,3°, en el cabo Sacratif entre la vega de Motril y el Llano de Carchuna, asciende a 13,4°, en la Marina alpujarreña, la parte más resguardada y defendida del litoral, a 14,4° y en Almería, en el extremo oriental del área del cultivo, a 12,6° (2).

En cambio, la pluviosidad es sumamente desfavorable. Las precipitaciones medias anuales son, en toda la región, inferiores a los 400 litros, con un ritmo de clara disminución de oeste a este. Así, mientras Málaga recibe por término medio unos 480 litros, Motril sólo registro 380 y Almería, 235. Tal sequedad se agrava extremadamente en los meses estivales, en los que las lluvias son prácticamente nulas. Por ello la irrigación constituye una necesidad en toda la región, necesidad resuelta desde muy antiguo mediante la sangría a través de complejas redes de acequias de los irregulares y variables caudales de los cortos y torrenciales ríos penibéticos y, especialmente, del Verde, que desemboca en Almuñecar, del Guadalfeo, base de la vega de Motril, y del Grande de Adra, que fertiliza la vega de este nombre. Otro tanto ocurre, pese a sus mayores dificultades, con las *"ramblas"* de la región, como la de Albuñol, cuya flecha deltáica sustenta las diminutas vegas de La Rábita y El Pozuelo.

El regadío tradicional ha sido considerablemente incrementado y lo será aún más en plazo breve. El viejo sistema del Guadalfeo está siendo sometido a una profunda reforma y ampliación que, primero, asegurará los riegos tradicionales de la vega motrileña, incrementándolos luego en su ámbito periférico y, sobre todo, en el Llano de Carchuna, al este del cabo Sacratif: en total, 2.500 Has. de nuevos regadíos, de las cuales más de 500 en el mencionado llano. Por otra parte, hay que agregar el conjunto de 31 pozos artesianos terminados recientemente en el Campo de Dalías, entre Adra y Almería, cuyo caudal total de 1.660 litros por segundo ha permitido la puesta en riego de 3.003 Has., de las cuales 2.746 directamente por el Instituto Nacional de Colonización, el realizador del plan. A pesar de todo, la escasez de agua es tan sensible en verano, estación de caudal mínimo en los ríos, que en muchos de los huertos litorales es imposible o muy difícil el cultivo en los meses de máximo calor.

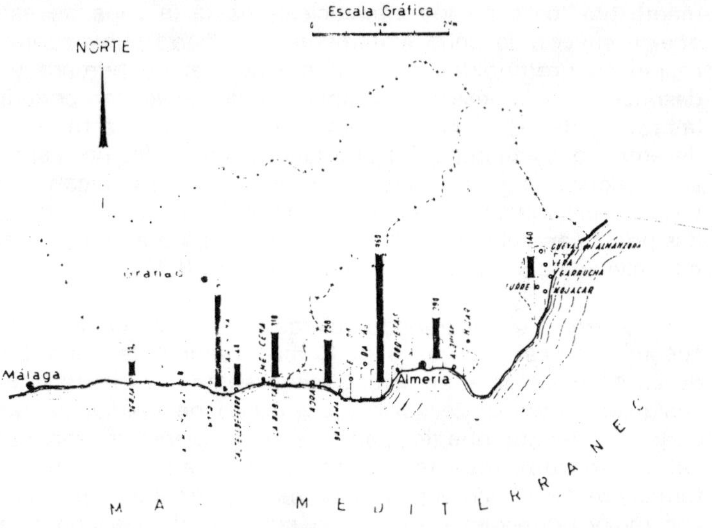

Fig. 1.- Distribución geográfica de los cultivos en arenas. Las barras son proporcionales a las superficies cultivadas. 1 mm. igual a 20 Has. Los números indican la extensión total existente en 1963 en las principales áreas de cultivo.

La técnica del *"enarenado"* recuerda otras muy difundidas en Canarias, donde se emplea, en lugar de arena de origen marino, única utilizada en la Costa del Sol, otra de carácter volcánico (3). Los huertos mediterráneos son de reducidas dimensiones, ya que oscilan entre un mínimo de 30 por 10 metros en La Rábita y un máximo de 100 por 15 metros en el Campo de Dalías. En todos ellos, el suelo, una vez labrado y alisado cuidadosamente, se recubre primero con una capa de estiércol y después con otra de arena *"arrocera"*, cuyos granos recuerdan en tamaño y forma al arroz. El estiércol se adiciona a razón de unos 60.000 kilos por Ha., con un grosor de unos 10 cm., y la areno con volumen de alrededor de los 1.000 metros cúbicos por Ha., se extiende hasta conseguir una capa de anchura uniforme, de 5 a 10 cm., según los lugares.

La función de la arena es doble. Por una parte, favorece el aumento de la humedad en el suelo y dificulta las pérdidas por evaporación. Según Mendizábal (4), la capa superior de arena absorbe rápidamente el agua de lluvia, así como también la procedente de la condensación del rocío, constituyéndose así un depósito de agua superior en un 50% al que formaría, en idénticas condiciones externas, una tierra sin arena. El agua pasa rápidamente por los espacios intersticiales hasta la capa de estiércol que, a su vez, la cede lentamente a la tierra subyacente. Esta cesión en profundidad de la humedad, rápida primero y lenta después, evita la desecación superficial del suelo, tan perjudicial a las raices de las plantas y es debida al papel de tampón que desempeña el estiércol. Por otro lado, las pérdidas por capilaridad son prácticamente nulas y la evaporación insignificante, sobre todo en relación a la padecida por la tierra sola, siendo compensadas por la captación de la humedad nocturna por la arena, que es muy elevada a partir de la puesta del sol (80-85%).

Pero, además, el *"enarenado"* ejerce otra acción característica: la absorción de calor por el suelo. Como es sabido, la arena, a causa de su débil calor específico, eleva su temperatura más que cualquier otro tipo de suelo en igualdad de irradiación. Por su parte, el estiércol, que tiene caracteres opuestos, conserva bien el calor y lo cede muy lentamente. Todo ello contribuye a la formación de un conjunto tibio, particularmente interesante en invierno y primavera y gracias al cual las plantas adquieren un precoz desarrollo. Téngase en cuenta que dicho caldeamiento provoca, en los huertos de arena, un aumento de 5º sobre la temperatura normal en las tierras inmediatas carentes de ella. Ventajas complementarias son, además, el considerable aumento del contenido de nitrógeno atmosférico, consecuencia del mayor porcentaje de humedad atmosférica absorbida por la arena y también la disminución de la salinidad en los suelos muy salobres (5). Desde 1.970, el *"enarenado"* tiende a complementar su función térmica con el empleo de plásticos, en extrema variedad de fórmulas (invernaderos, acolchados, túneles), con un total de 2.250 Has. en Almería (Dalías) y 500 Has. en Granada, que varía de unos años a otros mucho, siendo en estos casos muy frecuente el cultivo de flores (6).

Resultado definitivo de estas cualidades del "enarenado" son: la extensión del cultivo a suelos poco fértiles o estériles por su exceso de sal, la anticipación de diez a quince días de la cosecha de hortalizas respecto a los huertos sin arena, y el aumento del rendimiento hasta un 50% por encima del normal en los huertos no enarenados de la región.

2) LAS TECNICAS DE CULTIVO (7).

El *"enarenado"* es una técnica nacida en las pequeñas hoyas litorales de La Rábita y El Pozuelo, situadas en el extremo oriental de la Costa del Sol granadina, entre las dos grandes flechas deltáicas de Motril y Adra. En la comarce es tradicional atribuir a Manuel Romero Ribas, campesino de La Rábita, la invención de este procedimiento que, desde su aparición hacia 1.880, ha sufrido profundos cambios. Primero, el cultivo se realizaba disponiendo un círculo de arena en torno a cada plante sembrada a golpe en los Huertos de *"fango"*. Sólo, hacia 1.920, comenzó a extenderse la arena en forma de una capa uniforme encima del estiércol que cubría el *"fango"* labrado y alisado. Al *"enarenado"* se llegó de forma paulatina y por intuición derivada de la observación, bien de los hormigueros, como se afirma en la región, o bien de los resultados debidos a la invasión de los campos por la arena arrastrada por el oleaje o por las aguas de las *"ramblas"* (8).

Este sistema de cultivo permaneció recluido en sus lugares de origen hasta el tercer decenio del siglo actual. Entonces se inició su expansión a los largo del litoral granadino y almeriense, casi siempre a causa de la emigración de campesinos rabiteños. Hasta el comienzo de la guerra civil española, su difusión se limitó, y en condiciones precarias, a la inmediata vega de Castelldeferro. Más tarde, acabada la guerra mundial y coincidiendo con el renacer del comercio de exportación español hacia Europa Occidental, aparecieron los primeros enarenados del Llano de Carchuna y de Balerma-Balanegra, cerca de Adra, entre 1.945 y 1.947. Pero el impulso definitivo se derivó de la puesta en cultivo, por el Instituto Nacional de Colonización, de los nuevos regadíos del Campo de Dalías (1.957); entonces, el Instituto creó 10 Has. de "enarenados", más como ensayo, a fin de resolver el problema de los suelos salinos, tan abundantes en la región, que como procedimiento especulativo de cultivo. Así comenzó una etapa de rápido crecimiento del cultivo en arenas que, en los últimos años, ha visto crecer considerablemente, su extensión: 700 Has. en 1.957 frente a más de 2.900 en 1.963. (Fig. 1) y más de 10.000 en 1.970.

El área regional de los *"enarenados"* forma una larga y estrecha cinta a lo largo del litoral mediterráneo, desde el cual penetra tierra adentro, de 10 a 12 kilómetros, a lo largo de los cauces de las *"ramblas"*, conquistados en un porcentaje muy elevado por los huertos. La faja cultivada se inicia en las proximidades del cabo de Gata y termina unos 150 kilómetros más al oeste, en Nerja (provincia de Málaga). En ella se distinguen diversas aglomeraciones que son consecuencia de lo abrupto y acantilado de una costa sólo distinta en aquellos puntos, en que ríos y ramblas han construído a su pie pequeñas pero horizontales llanuras aluviales. De este a oeste, tales concentraciones son las siguientes: a) El Alquián-Cabo de Gata, al oeste de Almería, con 290 Has., b) el Campo de Dalías, con el conjunto más moderno y mayor en Aguadulce, Roquetas y El Ejído (960 Has.); c) Adra-Balerma-Balanegra (250 Hectáreas); d) el núcleo original de La Rábita y El Pozuelo, que con las inmediatas vegas de Melicena y La Mamola, comprende un total de 310 Has., e) el Llano de Carchuna, el segundo en importancia y extensión (685) Has.), con el pequeño núcleo de Torrenueva, al oeste del caba Sacratif, y f) los dispersos y pequeños núcleos a occidente de Motril: Almuñécar (30 Has.) y Nerja-El Morche (100 Has.). Aparte, en la costa oriental almeriense, se encuentra un área secundaria, con un total de 140 Has., dispersas por Mojácar, Garrucha, Turre y Vera. Y todavía no se ha alcanzado el límite al constante desarrollo de estos cultivos que están conquistando todas las tierras susceptibles de enarenarse a lo largo del mar, han iniciado su penetración -muy reciente- en los interiores llanos de Níjar, al nordeste de Almería e, incluso, están escalando, mediante costosas obras de explanación y abancalado, las laderas de las colinas que, en torno a La Rábita, hunden sus flancos en el mar (9).

Un *"enarenado"* de una hectárea, que puede durar unos 10 años, cuyo coste de creación puede calcularse como mínimo, en unas 75.000 pesetas -30.000 la arena, 29.000 el estiércol y 17.000 los setos-, tiene una productividad poco común, que llega a las 100.000 pesetas por Ha. y año con sólo un par de cosechas, judías y tomates, por ejemplo (10). Todo ello es el resultado, primero, de los elevados precios que las hortalizas tempranas alcanzan en el mercado, y en segundo lugar, de los mayores rendimientos de tales cultivos. En 1.962 en La Rábita, el precio medio alcanzado, durante la temporada, fue de 9,70 ptas. el kilogramo de judías, de 6 ptas. el de tomates y de 5 el de pimientos, precios todos ellos superiores en casi rl 100% a los conseguidos, en ese mismo año, en las otras regiones productoras españolas de cosacha normal. En ese mismo año, los precios máximos alcanzados fueron: 75 ptas. el kilo de pimientos, 43 ptas, el de judías y 26 el de tomates.

Los huertos de arena producen, al menos, dos cosechas anuales: judías y pimientos o judías y tomates. Pero no faltan los casos ni las regiones en que pueden conseguirse tres cosechas -judías, pimientos y tomates, maíz- o cuatro cosechas: dos de judías, una en diciembre y otra en marzo, una de tomates a partir de abril y otra de maíz, en septiembre. Por lo general, los cultivos se realizan asociados, siendo las principales combinaciones: judías y pimientos, judías y tomates, tomates y maíz. En cámbio, el cultivo de pepinos y berenjenas se realiza, por lo general, sin posibilidad de asociación a ninguna otra planta, pero estos cultivos ocupan sólo un porcentaje limitado de los *"enarenados"* y casi exclusivamente en las vegas de Castelldeferro, La Mamola, Melicena y La Rábita. En el Campo de Níjar abundan, en una sola cosecha, el melón y la sandía.

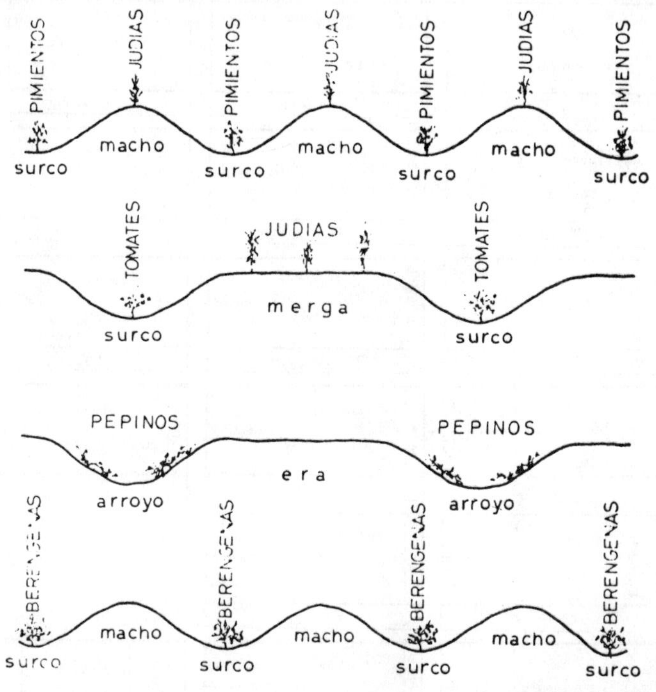

Fig. 2.- Diferentes formas de microrelieve en los huertos de arenas y modalidades de asociación de cultivos.

Las distintas cosechas rotan a lo largo de períodos más o menos largos, según los lugares, pero presentan ciertos puntos de contacto: a) la ausencia de cultivo estival y b) la sucesión de la combinación judías-tomates a la de judías-pimientos. Sólo en las vegas originarias de La Rábita-El Pozuelo, se cultiva maíz durante el verano, y se inicia el ciclo con un año de pepinos o berengenas, seguido por uno o dos de judías-pimientos, y otros tantos de judías-tomates. Las siembras se hacen antes de haber levantado la cosecha anterior: las judías se *"golpean"* en los caballones que separan los planteles de pimientos, y el maíz entre las plantas de tomates que están dando los últimos frutos.

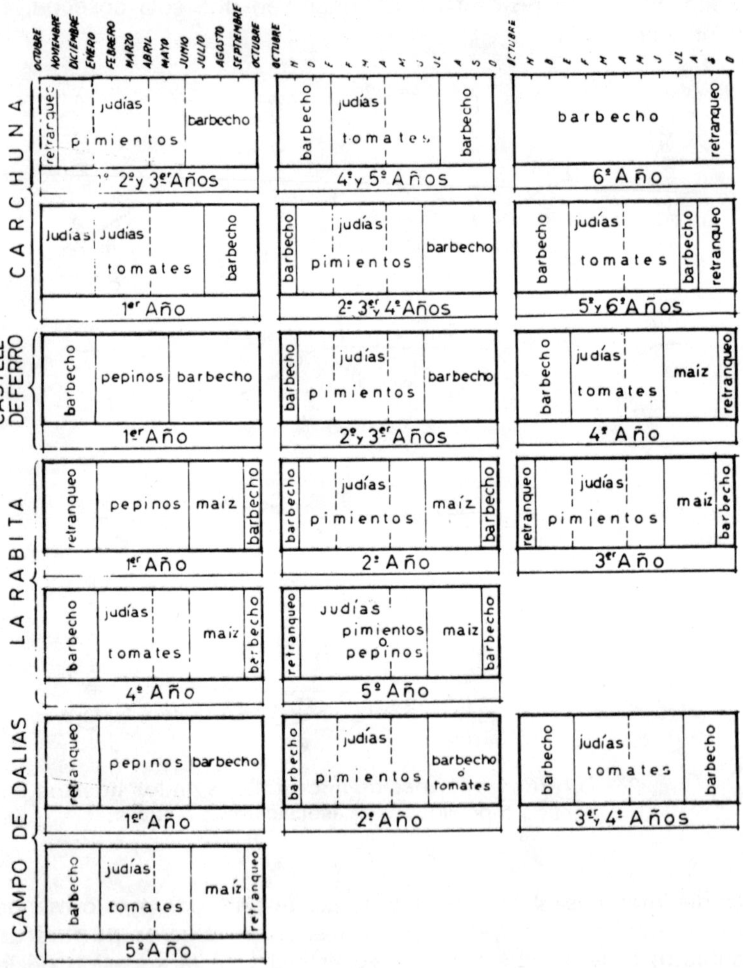

Fig. 3.- Rotaciones de cultivo en las diferentes comarcas productoras.

Esencial en este cultivo es mantener la arena limpia y fresca, por lo que la labor básica es el *"retranqueo"*, realizado periódicamente, cada dos años en La Rábita y cada cuatro, cinco o seis años en las demás regiones de cultivo. El retranqueo consiste en retirar la arena amontonándola en la mitad de la parcela mientras que se labra profundamente la otra mitad. Barrido cuidadosamente el suelo para que la arena no se mezcle con el *"fango"*, se dispondrá la capa de estiércol y, a veces, el abono complementario mineral, y por último, se extenderá de nuevo la arena. Con estos cuidados, el huerto puede utilizar la misma arena durante ocho o diez años, al cabo de los cuales es preciso cambiarla total o parcialmente.

Las atenciones culturales que siguen son una verdadera jardinería manual; la siembra o transplante se realiza colocando la semilla o la planta en la zona de separación entre la arena y el suelo, sucediéndose después los riegos, el abonado de cobertura con fertilizantes minerales, el empleo de anticriptogámicos e insecticidas y la recolección, siempre a mano, que se lleva a cabo en sucesivas fases, según vayan madurando los frutos. La cosecha de una misma planta varía de 15 a 30 días, según los lugares y el clima; la temperatura invernal es esencial en este sentido y varía en relación al mar.

Un laboreo tan cuidadoso y complejo explica la reducida extensión de las explotaciones. En La Rábita la superficie óptima a cultivar por una familia, dividida en varias parcelas, es de unos 15 celemines, alrededor de media hectárea, considerando los buenos cultivadores que los 32 celemines (1 Ha.), que son frecuentes en el campo de Dalías, dificultan el buen laboreo y rebajan la buena calidad y el elevado rendimiento de los frutos. La explotación y la propiedad rara vez coinciden, a no ser en las tierras de colonización reciente de Dalías. En las demás regiones, predomina la propiedad media o grande, distribuida en pequeñas explotaciones, llevadas en aparcería, a *"medias"*, en la mayor parte de los casos. El propietario, a cuyo cargo corre la construcción del *"enarenado"*, pone el huerto y la mitad de los gastos; el aparcero la otra mitad y el trabajo, distribuyéndose los beneficios a partes iguales.

Los considerables desembolsos que estos cultivos exigen son , casi siempre, adelantados a los labradores por los *"corredores"*, que sirven de intermediarios en la venta de los frutos cosechados y que son, por lo general, comerciantes locales a los que interesa al máximo la venta de los aperos, fertilizante, semillas, insecticidas, etc., que el *"enarenado"* precisa y que ellos venden. El campesino, que adquiere a cuenta estos productos, lleva después sus frutos al *"corredor"*, para que éste los subaste, haciéndose la liquidación correspondiente al terminar la temporada, en agosto. Solamente en el Campo de Dalías, la existencia de algunas Cooperativas como Orexa, domiciliada en Almería, ha permitido prescindir, en alguna medida, de dichos intermediarios.

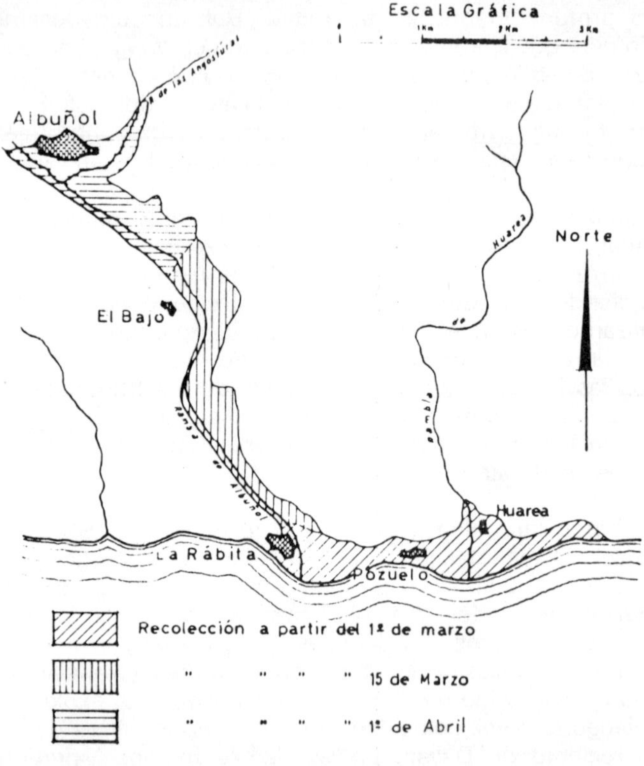

Fig. 4.- Epocas de recolección en la vega de La Rábita-Pozuelo-Albuñol.

El cultivo es eminentemente comercial. La totalidad de la producción se vende para su consumo en otras regiones de España y en Europa Occidental. La comercialización se inicia en las *"corridas"* o *"puestos"*, almacenes dispersos por toda la región productora en los que, ante comerciantes llegados de toda Espada, sobre todo de Levante, asiento del gran comercio de exportación español de hortalizas, y en algunas ocasiones de Francia, Alemania y Suiza, se realiza la subasta de la hortaliza, dos o tres días a la semana, durante toda la temporada, que se inicia en marzo y termina a fines de julio. Los compradores levantinos transportan la mercancía a sus almacenes, desde donde, tras su selección y envasado, la envían, tanto a los grandes mercados españoles (Barcelona, Bilbao y Madrid), como a Francia y Alemania.

Las restantes hortalızas son consumidas cası integramente, en los meses de marzo y abril, alrededor del 80% de toda la producción costera, destacándose como principales mercados Perpignan, el gran centro de reexpedición del mediodía de Francia y París, que, además de absorber casi el 50% de las compras francesas, actúa como gran centro redistribuidor en el norte de dicho país. Las importaciones de Alemania y Bélgica se limitan a cantidades muy reducidas -38 vagones diarios Francia, y uno sólo cada una de estas dos naciones-, de ciertas clases especiales carentes de hebra. A partir de mayo, las ventas al exterior se reducen considerablemente -al 50% de la producción como máximo-, anulándose la exportación a fines de mayo, en que comienza a entrar en Francia la judía italianan.

Las restantes hostalizas son consumidas casi íntegramente, en España. El pimiento tiene cuatro focos consumidores: Vascongadas, y especialmente, Bilbao, Madrid, Barcelona y Sevilla. El País Vasco compra durante toda la temporada, debido a la calidad especial del pimiento costeño, pequeño y muy apto para frito. Sevilla lo adquiere únicamente en marzo y abril, pagando los precios mayores, y Barcelona y Madrid, sólo hasta junio, en que llega la cosecha valenciana. El tomate se vende, sobre todo, en el Norte de España (Vascongadas), en Barcelona, y algo en Madrid y Sevilla; en Alemania se colocan algunas partidas del Campo de Dalías, pero todavía no puede competir con la cosecha canaria y alicantina, mejor adaptada a las exigencias de ese consumo.

3) LAS TRANSFORMACIONES HUMANAS Y ECONOMICAS.

Los nuevos cultivos han provocado importantes cambios en el paisaje natural y agrario, pero también en la estructura económica y social. En primer lugar, ha provocado un crecimiento excepcional de la población de muchos de los viejos pueblos de la región, excepcional sobre todo si tenemos en cuenta la depresión demográfica a que se encuentra sometida Andalucía Oriental (11). Entre 1.950 y 1.970, las dos provincias que contienen la mayor parte de los *"enarenados"* han visto disminuir su población absoluta o relativa: Granada, de 782.953 a 733.375 habitantes, y Almería, de 361.769 a 375.004. Este retroceso es de origen migratorio, ya que ambas provincias se encuentran entre las españolas de mayor crecimiento vegetativo: 13,01 por 1.000 habitantes Granada y 13,60 por 1.000 habitantes Almería, frente a sólo 11,23 para toda España (1.970). Por el contrario, en esos mismos años, El Ejido, Roquetas, principales centros del cultivo en arenas del Campo de Dalías, han pasado de 830 y 1.626 habitantes (1.950) a 6.887 y 4.811 (1.970) respectivamente, Calahonda, en el Llano de Carchuna, de 1.154 a 1.614, y El Alquián, eje de los cultivos al este de Almería, de 949 a 2.701. Sólo ciertos lugares, como La Rábita -1.413 habitantes en 1.950 y 1.458 en 1.970-, se han estabilizado o retrocedido, pero se trata de áreas donde el cultivo ha llegado ya a ocupar todo el terreno disponible.

Así, en estos lugares de rápido crecimiento demográfico, la inmigración desempeña un papel importante. Por un lado, se trata de una inmigración definitiva de cultivadores diestros que, en su mayor parte, proceden del área tradicional de cultivo: La Rábita y El Pozuelo; muchos de los colonos recientemente establecidos en el Campo de Dalías son antiguos labradores de la Vega asentados en la desembocadura de la ramba de Albuñol. Por otra parte, existe una corriente migratoria estacional íntimamente ligada con los momentos de máximo trabajo, la recolección, y que actúa de manera insistente en las áreas campesinas inmediatas, como la Alpujarra almeriense o la sierra granadina de la Contraviesa. En abril y mayo, se forman tres corrientes de emigración temporal que inciden en el Llano de Carchuna y Castelldeferro, desde los municipios de Lújar, Gualchos y Rubite, en el Campo de Dalías, desde la Alpujarra almeriense (Paterna, Alcolea, Laujar, Lucainena de las Torres, Berja), y en los huertos entre Almería y el Cabo de Gata desde el Campo de Níjar y sus aledaños.

El crecimiento demográfico ha coincidido con una profunda transformación estructural de la población. La Rábita es, en este sentido, ejemplo muy significativo; en 1.940 todavía el 50 por 100 de sus habitantes activos eran pescadores, frente a sólo el 40 por 100 ocupados en el campo, mientras que, en 1.970, los labradores son el 70 por 100 y los pescadores sólo el 10 por 100. Pero, incluso durante la recolección, son muchos los pescadores que, individualmente o con sus familiares, colaboran no tanto en la cosecha y en la carga y descarga de los *"bultos"* de hortaliza que se llevan a las *"corridas"* o que se conducen a los almacenes de selección y embalaje y a los mercados de consumo.

Todo ello ha motivado profundos cambios en la situación económica y en el nivel de vida de las comarcas afectadas por los nuevos cultivos. En Calahonda, desde una situación de subalimentación casi endémica, que en los años 30 llegó a adquirir niveles muy bajos, se ha pasado a una prosperidad visible en las continuas edificaciones que incesantemente se levantan por todo el Llano de Carchuna, en los elevados jornales diez a doce veces mayores en 1.970 que en 1.955 percibidos por los braceros y en la dificultad que actualmente existe para encontrar mano de obra local. Y otro tanto ocurre en las demás comarcas donde se cultiva en arenas, en todas las cuales puede afirmarse sin lugar a dudas que se han alcanzado una renta por habitante que es, por término medio, de un 25 a un 50 por 100 superior a la del conjunto de las provincias a las que pertenecen esos municipios y, por tanto, incluso superior al promedio español. En 1.971, el municipio de Dalías rebasaba las 60.000 Pts. *"per capita",* frente a las 43.000 Pts. de la provincia y Castelldeferro llegaba a 50.000 Pts. en lugar de las 38.000 provinciales (12) Y, en ambos casos, las diferencias entre las porciones dedicadas a cultivos "enarenados" y las ausentes de ellos son manifiestas a simple vista, como atestiguan claramente los contrastes de población antes señaladas. Aunque, sin duda, en muchos de estos municipios, como en Castelldeferro o en Roquetas, el desarrollo turístico ha contribuido mucho a esta progresión económica, su participación ha sido siempre muy inferior a la derivada de la agricultura (13).

NOTAS

(1) El cultivo en arenas del Sudeste español ha sido objeto de varios trabajos de carácter técnico y económico: MENDIZABAL, M. y VERDEJO, G.- *"Conservation de l'humidité et utilisation des sols salins pour la culture sous sable ("arenados")"*. Coloquio sobre Paises Aridos; PEREZ DE LOS COBOS, L.- *"Enarenados en terrenos salinos"*. IV Congreso Internacional de Riegos y Drenajes, Madrid, 1960; ROMERO ORDEIG, J.M.- *"novedades sobre el cultivo del tomate"*. Revista Agricultura, 1961, pp. 44-53 y *"Los cultuvos enarenados"*. Revista Siembra, nº 202, Madrid, 1964; RUEDA CASSINELLO, F. y J.M.- *"Cultivos enarenados de hortalizas extratempranas"*. Madrid, Mundi-Prensa, 1965; TORRES GARCIA, M.- *"Cultivos enarenados protegidos por materiales plásticos"*. I Jornadas Regionales de Plásticos en Agricultura. Almería, 1969, pp. 111-115 y SERRANO CERMEÑO, Z.- *"Invernaderos de plásticos en cultivos enarenados"*. I Jornadas Regionales de Plásticos en Agricultura. Almerá, 1969, pp. 41-47. Asimismo, y desde una óptica diferente, tienen singular valor geográfico las referencias contenidas en VILA VALENTI. J.- *"La lucha contra la sequía en el Sureste de España"*. Rev. Estudios Geográficos, XXII. 1961, pp. 25-48; GARCIA MANRIQUE, E.- *"Los cultivos subtropicales de la costa granadina"*. Universidad de Granada, 1972, y SAENZ LORITE, M.- *"El valle del Andarax y Campo de Níjar"*. Granada, Universidad de Granada, 1977.

(2) Vid. NEUMANN H.- *"El clima del sudeste de España"*. Estudios Geográficos. XXI, núm. 78, 1960, pp. 171-209; RODRIGUEZ MUÑOZ, C.- *"Motril un extenso microclima"*. Anales Instituto Español Edafología V. sum. 1, 1946, pp. 45-53; BOSQUE MAUREL, J.- *"La uva Almería (Estudio Geográfico)"*, Revista Geográphica, VII, 1960 pp. 3-27, y CAPEL MOLINA J.J.- *"El clima de Almería"*. Almería, 1977.

(3) JENSEN, S.: *"Agricultural Methods of the Canaries, fuerteventura and Lanzarot"*. Economie Geography, 1934, pp. 99-108; MATZNETTER. J.- *"Der trockenfeldisau auf den Kanarischen Inscln"*. Mittel. G. Gess. Wien, 1955, pp. 79-97, y *"Die Wirtschaftsformen der Kanarenisel Lanzarote"*. Geogr. Rundsehau, núm. 1, 1958, pp. 17-22.

(4) *"Conservation de Phumidilé et utilisation des sols"...*, página 324.

(5) PEREZ DE LOS COBOS, L.: *"Enarenados en terrenos salinos"*. Rev. Agricultura, 1959, pp. 190.

(6) MENDIZABAL, M.- *"Posibilidades agrícolas de los plastícos en la provincia de Almería"*. I Jornadas Regionales en Plasticos en Agricultura, Almería, 1969, pp. 11-17 y SAENZ LORITE, M.- Obr. cit., pp. 258-9.

(7) El estudio del cultivo en arenas sólo ha sido posible gracias a la colaboración prestada por numerosos labradores y comerciantes de diferentes lugares de la costa entre Almería y Motril. Quiero expresar mi sincero agradecimiento a los directivos de la Cooperativa ORENXA, de Almería, a D. Octavio López García y D. Rafael Hidalgo de la rábita y a D.

Félix Puertas de Calahonda, así como al Ingeniero Agronomo D. José Cortacán, de Granada.

(8) MENDIZABAL, M. y VERDEJO, G.- *"Conservation de l'humidilé et utilisation des sols"...,* pp. 323.

(9) GARCIA MANRIQUE *"(Los cultivos"...,* pp. 130-131) calcula en 1970 la superficie de los enarenados en al menos 5.000 Has., de los cuales 4.000 Has. en el Campo de Dalías, 500 Has. en Carchuna, Calahonda y el Puntalón y más de 500 en el resto de la costa, y SAENZ LORITE (Obra cit: pag. 255) afirman existen 12.000 Has. sólo en la provincia de Almeria (1973), de los cuales 7.800 Has. en el Campo de Dalías.

(10) Actualmente, la construcción de una Ha. de enarenado significa un coste superior a las 250.000 Pts., sin incluir el plástico con unos ingresos brutos anuales minimos (una cosecha) de 400.000 Pts. (SAENZ LORITE, pp. 255-264).

(11) FLORISTÁN, A. y BOSQUE, J.- *"Movimientos migratorios de población en la provincia de Granada".* Estudios Geográficos, XVIII, núm. 67-68, 1957, pp. 361-402.

(12) BANCO DE BILBAO.- *"Renta Nacional de España y su distribución provincial".* Bilbao, 1971 y BANCO ESPAÑOL DE CREDITO.- *"Anuario del Mercado Español".* Madrid, 1971.

(13) VILLEGAS MOLINA, F.- *"El turismo en Andalucía Oriental",* en «Infomación Comercial Española», nº 507, 1975, pp. 113-122.

IV

Tradición y modernidad en la Alpujarra granadina (Andalucía Oriental)

Artículo publicado en "Aportación Española al XXI Congreso Geográfico Internacional". (Nueva Delhi, India, 1.968), Madrid, Instituto de Geografía Aplicada (C.S.I.C.), 1.969, pp. 165-183.

"Por Alpujarra se entiende todo el terreno comprendido entre Sierra Nevada y el mar y encerrado en una especie de rectángulo por las sierras laterales; es decir, todo lo incluido dentro del horizonte sensible que se abarca desde las cimas del Cerrajón de Murtas; todo lo que, visto desde el mar de Albuñol, mirando al Mulhacen, tiene, como si dijeramos, un cielo común"

(Pedro Antonio de Alarcón: *La Alpujarra,* pag. 84)

De pocas regiones de Andalucía se ha escrito tanto como de la Alpujarra. Lo mismo que la Alhambra, igual que Granada, esa región ha sido y es fuente de inspiración literaria dentro y fuera de España. Tal factor es el resultado de una acusada y bien definida personalidad geográfica, muy superior en conjunto al del resto de Andalucía y, sobre todo, de la Alta Andalucía. A tal personalidad contribuye un medio físico a la vez salvaje y pintoresco, una historia agitada y romántica, unos habitantes plenos de originalidad. Sin embargo, su acusada personalidad geográfica no excluye facetas y contrastes múltiples, origen de una diversidad interna visible en una de sus también populares denominaciones, las Alpujarras. Una región única diversa a la vez, cuyos límites actuales no coinciden exactamente con la vieja unidad histórica a la que se refieren los antiguos escritores, tanto musulmanes como cristianos.

La Alpujarra forma parte de una unidad espacial bien definidad: el territorio situado al mediodía de Sierra Nevada hasta el mar Mediterráneo, entre la sierra de Lújar, al Oeste, y la sierra de Gádor, Al Este. En su actual delimitación abarca un total de 1.811,38 kilómetros cuadrados y 60.000 habitantes, repartidos muy desigualmente entre las provincias de granada y Almería, 1.264,82 kilómetros cuadrados y 52.182 habitantes en la primera, única que va a ser objeto de nuestro estudio. Su situación convierte a la Alpujarra en una porción de esa gran solana que es la Andalucía mediterránea, una porción que pudiera considerarse como el "hinterland" de la Costa del Sol. Resulta así una región montañosa y abrupta, una de las más accidentadas de España, pero también una de la mejor matizadas, ya que ese carácter de inmensa ladera, que se hunde en las profundas y azules aguas del Mediterráneo hace auténtica realidad esa afirmación casi tópica de que las Alpujarras tienen su cabeza en la "tundra" y sus pies en el trópico. Así se explica que la misma Sierra Nevada, que la aísla e individualiza, provoque las condiciones esenciales de su variedad comarcal.

EL MARCO FISICO

La Cordillera Penibética -es decir, la alineación litoral de la

Cordilleras Béticas (1)- se duplica en su parte central en una doble formación montañosa, dispuesta paralelamente al litoral mediterráneo. Al borde de éste se alza hasta 2.242 metros de altura máxima una alineación rorgráfica constituida por las sierras granadinas de Lújar y Contraviesa y la almeriense de Gádor. Tras esta primera barrera, superándola netamente en altitud y grandeza, se levanta Sierra Nevada, con las altitudas mayores de la Península Ibérica (Mulhacén, 3.478 metros). En el corazón de este doble conjunto montañoso, respaldado por la vertiente meridional de Sierra Nevada y descendiendo hasta el Mediterráneo, se encuentra la Alpujarra.

Estructuralmente, la Alpujarra es un gran sinclinal orientado de Este a Oeste, a manera de un valle longitudinal paralelo a la dirección del plegamiento y que separa Sierra Nevada de las sierras de Lújar, Contraviesa y Gádor. A este sinclinal, que incluye los flancos meridional de Sierra Nevada y septentrional de las cadenas costeras, se añade el complejo anticlinal de la sierra de la Contraviesa, que hunde su ladera sur en las aguas del Mediterráneo. En cambio, aunque en lo físico las sierras de Lújar y Gádor apenas son diferentes, humana y económicamente, quedan, en parte al menos, dentro del ámbito de influencia, bien de la hoya litoral granadina de Motril la primera, bien del complejo comarcal que tiene por centro a Almería la de Gádor.

Esta complicada estructura surgió en intima relación con Sierra Nevada. Según Fontboté (2), se formó esencialmente a consecuencia de la orogenia alpina, aunque es indudable la existencia de un plegamiento anterior herciniano muy atenuado. El paroxismo fue posterior al Trías y anterior al Mioceno e, incluso, muy probablemente no posterior al Oligoceno final, habiendo originado una serie de mantos de corrimiento que se deslizaron por encima del substrátum paleozoico y tenían sus raíces en la costa mediterránea y su frente en sierra Harana, al norte de Granada. Entonces se individualizó, quizá por adaptación a la estructura prealpina, una larga depresión longitudinal que, a manera de sinclinal, inició la diferenciación entre la línea orogénica costera y el abombamiento interiore de Sierra Nevada. Esta depresión longitudinal intramontañosa fue invadida por una transgresión correspondiente al Mioceno Superior, cuyos materiales, predominantemente conglomerados, rellenan parcialmente al menos las pequeñas cuencas resultantes de Orjiva y Ugíjar. El conjunto resultante fue profundamente modificado por la aparición de un gran pliegue de fondo, cuyo desarrollo, forzosamente lento, tuvo lugar a partir del Mioceno Superior, durante el Plioceno e, incluso, el mismo Cuaternario. La erosión que acompañó y siguió a su formación puso al descubierto, en las partes más elevadas de la cordillera, el núcleo primitivo, posiblemente paleozoico. Tal pliegue de fondo, además de individualizar a las dos unidades estructurales orogénicas principales, Sierra Nevada y Lújar-Contraviesa-Gádor, activó la diferenciación de la depresión interior, cuyo hundimiento tectónico aparece reflejado en la existencia de líneas de fractura dispuestas más o menos paralelamente a su orientación inicial Este-Oeste.

Las Tres unidades morfoestructurales que resultaron tienen características perfectamente definidas. El gran domo de Sierra Nevada está constituido por un núcleo interior de micasquistos epimetamórficos de edad desconocida, aunque anterior al Mesozoico, al que envuelve un cinturón de gneis, micasquistos feldespáticos y rocas verdes, la *"mischungzone"*. Este doble cinturón, conocido por los naturales del país con el nombre de *"lastra"* y *"launa"*, respectivamente, aun siendo de considerable altitud y acusado desnivel, presenta unas formas de relieve suaves, alomadas, de fácil acceso, en las que, sin embargo, resaltan, en la línea de cumbres, el modelado glaciar cuaternario, y en la ladera, la red fluvial, fuertemente encajada a favor de la relativa blandura de los materiales y de la disposición de su sistema de diaclasas, entre amplios y alomados interfluvios dispuestos transversalmente al sentido del plegamiento. El complejo Lújar-Contraviesa-Gádor constituye la unidad *"alpujarride"* propiamente dicha, con una base de esquistos cristalinos y filitas pertenecientes al Trías Inferior, sobre la que se disponen las calizas y dolomías extremadamente potentes del Trías Superior. Las diferencias litológicas implican acusadas diferencias morfológicas visibles en la menor altitud y relieve más alomado de la sierra de Contraviesa, constituida esencialmente por esquistos y filitas que recuerdan a Sierra Nevada, y en las formas enérgicas y escarpadas de las calizas y dolomías de Lújar y Gádor. En la zona de contacto, la depresión longitudinal coincide con un sinclinal reforzado por un sistema paralelo de fallas y fracturas que, en unión de la red fluvial postérior y las diferencias litológicas existentes, han determinado un rosario de depresiones separados por umbrales: los de Orjiva, Cadiar, Ugíjar y, en la Alpujarra almeriense, Canjáyar (3).

Este surco alpujarreño está recorrido por tres importantes arterias fluviales, las tres afluentes del Mediterráneo. A Occidente, discurriendo de Este a Oeste, se encuentra el Guadalfeo, colector, por una parte, de las nieves y de las lluvias de la porción más alta y occidental de Sierra Nevada, hasta el Peñón del Puerto, a través de los barrancos de Poqueira, Trevélez y Cádiar, y, por otra, de las tormentas desencadenadas en la Contraviesa y que apenas son capaces de dar lugar a escasas y fluctuantes *"ramblas"*, como las de Alcázar y Torvizcón. El tramo oriental está avenado por el río Almería o de Andarax, que, en su curso alto, dispuesto de Oeste a Este, recoge las aguas de las estribaciones más orientales de Sierra Nevada (Horcajo, Navas y Chico), así como los torrentes que descienden de Gádor, la rambla de Alcora entre otras. En el centro, el conjunto de cumbres entre el Peñón del Puerto (2.750 metro) y el Cerro del Almirez (2.519 metros) dan lugar al río Grande de Adra, formado por el complicado abanico de los torrentes de Mecina, Valor, Nechite, Laroles y Paterna, que, tras su confluencia en Darrical, se abre paso transversalmente entre las sierras de Contraviesa y Gádor hasta su desembocadura en las proximidades de Adra. Estos tres ríos forman parte de una región, hidrológica bastante homogénea, la surmediterránea, con particulares características a causa de sus independencia de la Meseta. Según Masachs (4), pertenecen al régimen subtropical-mediterráneo, de alimentación pluvial, aguas altas a finales de invierno y primavera, sequiaje estival y acusada irregularidad interanual. Sólo en el alto Guadalfeo, a causa de su alimentación nival, se da un claro retraso de sus aguas altas hasta comienzos de verano, además de un sequiaje estival menos acusado. Además debe añadirse una clara disminución de la caudalosidad de Oeste a Este.

La originalidad climática de la Alpujarra es evidente. Por un lado, la altitud implica un característico escalonamiento climático, coincidente con la significación que resulta de su orientación, causa de su carácter de solana, y la indudable influencia derivada de su situación, a orillas del Mediterráneo, y a la latitud de 35° Norte. El escalonamiento altitudinal pudiera ser la base de una triple división en *"tierras caliente"*, *"tierras templadas"* y *"tierras frías"*, que en conjunto coinciden con las Hoyas y playas aluviales de la orilla mediterránea, las primeras; con el fondo de la depresión longitudinal alpujarreña, la segunda, y con la ladera meridional de Sierra Nevada, las terceras. Es decir, con las Alpujarras baja, media y alta, respectivamente. Esta diferenciación estrictamente térmica, típica de un clima de montaña, se ve acompañada por una característica pluviosidad mediterránea, de intensa y prolongada sequía estival y precipitaciones máximas de otoño y finales de primavera, válida para toda la región. Sin embargo, la extensión a toda la región -e incluso las cumbres montañosas- de la típica sequedad veraniega se ve matizada por la disminución de la pluviosidad con la altura, desde la línea de cumbres, donde la innivación es muy importante desde diciembre hasta marzo, hasta la margen mediterránea, con lluvias inferiores a los 300 milímetros, y de Oeste a Este, conforme la degradación de los ciclones atlánticos va teniendo lugar.

Originalidad climática y paralela originalidad vegetal, ya entrevista y descrita en el siglo pasado por el botánico Boissier (5). Aunque la afirmación tópica de que Sierra Nevada y, con ella, la Alpujarra cuenta con todos los climas y todas las vegetaciones posibles entre el trópico y el círculo polar es una realidad, el rasgo más significativo en toda la región es su tremenda escasez forestal, apenas paliada últimamente por la repoblación. Una escasez forestal que, según todas las probabilidades, es el resultado de un intensa acción humana, que ha transformado profundamente el paisaje vegetal originario, pero con la que ha colaborado siempre la peculiar sequía mediterránea. El paralelismo entre los pisos climáticos y vegerales es indudable, aunque con ciertos matices, que se acentúan con la altura y son, por ello, muy significativos en la Alpujarra Alta.

En conjunto, la Alpujarra Baja, hasta los 900-1.000 metros, está dominada por la vegetación espontánea mediterránea, con las lógicas modificaciones derivadas de las diferencias de altura y orientación. Así, dentro del dominio absoluto del "querectum" (encimas, alcornoques), se puede destacar la presencia escalonada del palmito (*Chamaerops humilis*) a lo largo del litoral mediterráneo y del pino de Alepo disperso por todo el complejo serrano costero y en creciente auge por la repoblación. Es significativo el hecho de la existencia en la sierra de la Contraviesa, a unos 1.300 metros de altitud, del que pudiéramos considerar como el alcornocal más alto de la región mediterránea europea. La acción del hombre, tras destruir la masa forestal primitiva, la ha sustituido en un porcentaje máximo por un matorral típicamente mediterráneo de gramíneas, como esparto, mirtos, tamarindos, azufaifos y retamas, pero también por un terrazgo agrario arborescente bien adaptado a la sequedad, en el que predominan almendros, viñedo y olivos.

A partir de los 1.000 metros, dentro ya de la Alpujarra Alta -sólo una mínima proporción de la alineación costera rebasa esa altura, sin llegar a 1.500 metros-, se disponen sucesivamente un piso inferior, en el que, junto al encirar, que asciende hasta 1.800 metros, y el pino de Alepo, que alcanza los 1.200 metros, aparece un bosque más exigente en humedad, con quejidos (*Q. lusitanica*), robles marojos (*Q. pyrenaica*) y castaños (*C. sativa*), 2.200 metros, aparece un escalón subalpino en el que la degradación del bosque anterior de robles y castaños determina un espeso matorral de chaparros, sabinas, piornos y genistas, en retroceso ante la repoblación, con un bosque acicular de pino laricio, silvestre y montaña, no totalmente adaptado a la región, especialmente en su límite superior. El escalón final, típicamente alpino, carece de arbolado y está sometido al juego alternativo de la innvación invernal, muy intensa y duradera, y de la sequedad estival, muy rigurosa; la vegeración, muy rala y discontinua, está constituida por un matorral leñoso, con formaciones almohadilladas espinosas y temporales y hermosos herbazales veraniegos en las áreas más húmedas. En conjunto, los *"borreguiles"*, base del pastoreo estival de ovejas y cabras, forman parte del típico *"xeroacanthetum"* de la alta montaña mediterránea.

LA OCUPACION HUMANA

Aislada entre sus montañas, la Alpujarra cuya etimología no parece muy clara (6), ha sido siempre un refugio en la compleja y agitada historia de la Alta Andalucía. Si esta última debe en gran parte su personalidad geográfica a su carácter de gran fortaleza natural (7), más íntima y más recoleta aparece en ella la Alpujarra. Sus difíciles contactos con el exterior, imposibles gran parte del año por encima del Mulhacén, difíciles siempre dede el Mediterráneo, le conceden un carácter de constante histórica. Pero para una mejor comprensión del problema histórica alpujarreño debe recordarse que la Alpujarra, tal como hoy se delimita, no coincide exactamente con la vieja unidad histórica a la que se refieren tanto los historiadores y viajeros musulmanes como los escritores cristianos posteriores a la incorporación de esta región a la Corona de Castilla (8).

Estrabon, al referirse a esta parte de la Bética, señala la existencia de *"una cordillera cubierta de densos bosques y corpulentos árboles, que separa la zona costera de la interior"* (9), que debe coincidir con la actual Alpujarra. No obstante, la realidad histórica alpujarreña se inicia con la ocupación islámica de España, apareciendo entonces las primeras referencias concretas a una región de tal nombre (10). Al producirse la invasión musulmana, Sierra Nevada, como toda la Penibética, acogió los hispanorromanos que se resistían a ser abserbidos por el Islam. Así, en el siglo IX, la rebelión españolista de Omar-Ibn-Hafsun, centrada en la serranía de Ronda, tuvo en la fortaleza de Juviles, eje y centro geográfico de la región, un firme apoyo (11). Después, ya iniciado el reflujo mahometano, fue la última y definitiva reserva del reino musulmán de Granada, habiendo incluso albergado a los simbólicos reinos reservados por los Reyes Católicos a los últimos

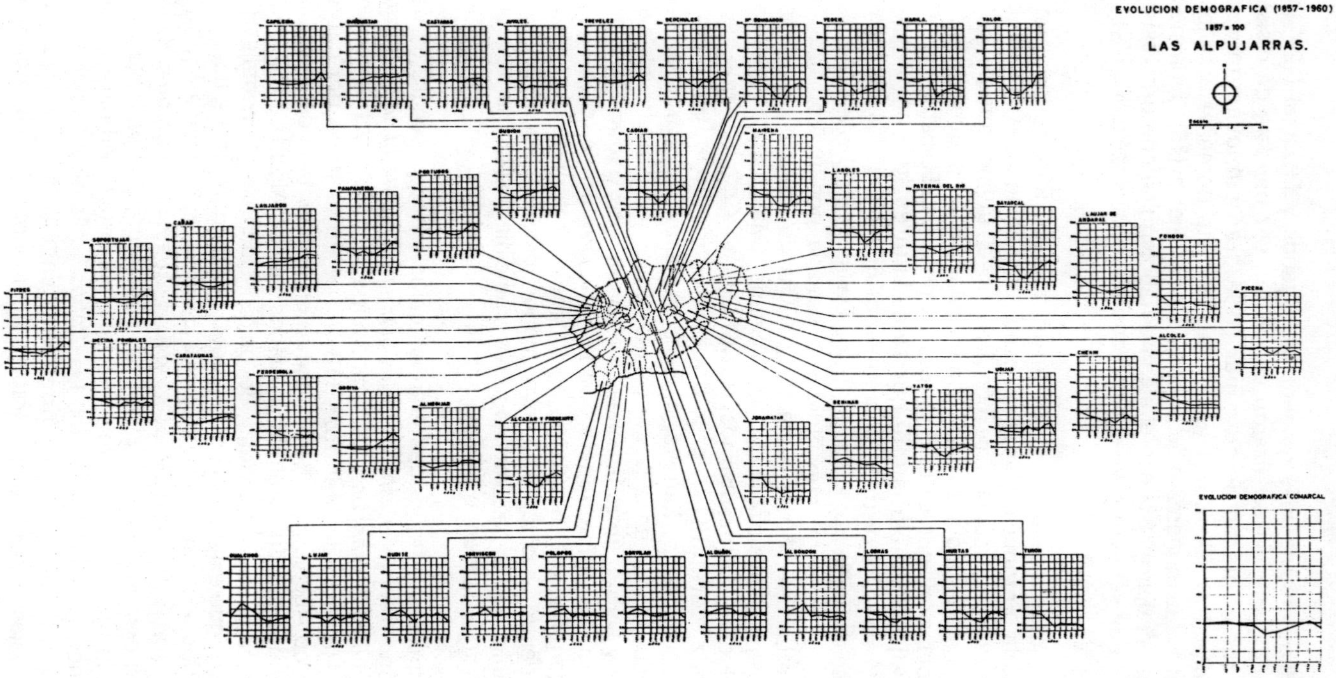
EVOLUCION DEMOGRAFICA (1857-1960)
1857 = 100
LAS ALPUJARRAS.
EVOLUCION DEMOGRAFICA COMARCAL

caudillos musulmanes granadinos, Boabdil y El Zagal (12). Rendida Granada, allí se alzaron una y otra vez bandera de resistencia, que hubieron de culminar en la gran sublevación de los *"monfíes"* (1.568-1.570), que tanto le costó domeñar a Felipe II, el entonces monarca más poderoso de la Tierra (13). Finalmente, en las Alpujarras tropezó el ejército napoleónico con una resistencia tal que sólo era suyo el suelo que pisaba sus soldados (14).

La Alpujarra alcanzó su plenitud con el Reino musulmán de Granada. Entonces, a fines del siglo XV, e incluso en los primeros años del XVI, cuando se convirtió en el último refugio de los moros granadinos, contaba con un total de 155 pequeños núcleso de población, que se calcula reunían unos 64.250 habitantes (15). Ibn Aljatib señalaba (16) que tales lugares se repartían entre tres *"climas"* o distritos diferentes: a) Buxarra de los Benihassan, que se extendía por la costa, desde Dalías hasta Juviles, Alcolea y Adra; b) Ferreira, constituida en esencia por la Alpujarra Alta, desde Lanjarón hasta Andarax, y c) Orx de Cais, la más oriental, en plena provincia actual de Almería (Marchena, Mondújar y Alboloduy). Estos distritos se dividían en *"tahas"*, que, según Gómez Moreno (17), eran doce al tiempo de la Reconquista: Orjiva, Poqueira, Ferreira, Xubiles, Andarax, Luchar, Marchena, Boloduy, todos en la ladera de Sierra Nevada, y Cuheyol, Cehel, Berja y Dalías, entre la alineación Contraviesa-Gádor y el Mediterráneo. La coincidencia con las grandes unidades naturales alpujarreñas era indudable, en lo que se refería a los *"climas"*, ocurriendo otro tanto, a nivel menor, con las *"tahas"*; así, por ejemplo, la *"taha"* de Poqueira coincidía exactamente con la cuenca del barranco de su nombre.

Aislamiento y fragosidad eran las características peculiares de la región. *"Montaña áspera, valles al abismo, sierra al cielo, caminos estrechos, barrancos y derrumbaderos sin salida"* es la definición que Hurtado de Mendoza (18) pone en la boca del caudillo morisco Abenjáguar. Pero, además, lo accidentado del relieve y la extremosidad del clima de, al menos, la alta Alpujarra motivaba la pobreza y casi esterilidad de un considerable porcentaje de la región, que exigía una entrega total de sus numerosos habitantes. La Alpujarra era *"estéril y áspera de suyo, sino donde hay vegas; pero con la industria de los moriscos, que ningún espacio de tierra dejan perder, tratable y cultivada, abundante de frutos y ganado y cría de sedas"* (19). La región estaba cubierta de árboles frutales y de moreras; según Marmol, las *"tahas"* más elevadas abundaban en perales, manzanos, nogales y castaños, mientras en las más bajas se cultivaban naranjos y limoneros; pero la morera y la cría del gusano de seda constituían su principal riqueza, haciendo de la Alpujarra el principal centro de abastecimiento del gran mercado granadino de la Alcaicería (20). El sistema de cultivos se ha conservado hasta el momento actual, siendo características sus laderas abancaladas e irrigadas por una compleja red de acequias, cuya distribución se ajustaba a reglas muy precisas todavía vigentes (21). Pero, en realidad, la agricultura ocupaba una parte reducida del país, la dominada por el regadío y que puede calcularse, conforme a los datos recogidos en los apeos preparados con motivo de la expulsión de los moriscos (22), en unas 14.000 hectáreas sólo en la Alpujarra granadina. Los pastizales de verano en las áreas serranas por encima de los 2.000 metros y las masas de encimar y chaparro, junto con castaños, robles quejidos y algunos pinos y alcornoques, cubrían la mayor parte de la región. Por ello, la ganadería lanar y, en menor proporción, la vacuna y los cerdos tenían un considerable desarrollo, estando muy extendida la trashumancia, como en el resto del Mediterráneo. Eran muy renombrados los abundantes y frescos pastos estivales de las *''tahas''* de Poqueira y Ferreira, de donde el ganado bajaba en invierno a los llanos de Dalías o a las hoyas de Motril y Salobreña, tras un mejor clima y nuevos pastizales (23).

La rebelión de los moriscos motivó profundos cambios. Vencidos y expulsados los sublevados de la totalidad de sus pueblos y alquerías y obligados a salir del reino de Granada, fueron abandonados numerosos de los viejos núcleos de población, ya que la repoblación con cristianos viejos hecha por orden de Felipe II no fue suficiente para recuperar todos los antiguos pueblecitos alpujarreños. Los nuevos colonos, llegados de la Meseta, de Galicia, del Valle del Guadalquivir y de Murcia, de Galicia, del Valle del Guadalquivir y de Murcia sumaban, sólo en la porción granadina, un total de 1.362 familias, es decir, unas 6.810 personas, que únicamente pudieron ocupar un total de 38 poblaciones, en su mayor parte situadas en la alta Alpujarra, ya que la Marina, por el peligro berberisco, quedó en reserva. La repoblación tendió, por una parte, a una mayor concentración, ya que se abandonaron numerosos lugares moriscos que en muchos casos eran pequeñas aldeas dependientes de otros lugares más importantes. Pero no debe olvidarse que el habitat morisco tenía, en general, hasta la gran sublevación por lo menos, unos límites más bajos que los actuales y temía la proximidad del Mediterráneo, situándose, sobre todo, entre el río Guadalfeo y la isohipsa de 1,250 metros, por encima de la cual la población permanente era muy escasa; sólo seis lugares alpujarreños -Bérchules, Bubión, Capileira, Juviles, Pitres, Pórtugos y Trevélez-, sobre un total de 39, se encuentran por encima de los 1.250 metros de altitud. Y, en conjunto, los moriscos centraban su actividad en las áreas irrigadas inmediatas a los ríos y a los lugares habitados, por debajo casi siempre de esa altura. En cambio, los repobladores comenzaron a extenderse, acercándose en lo posible a la línea de cumbres. Pese a las dificultades generales y a los fracasos individuales y familiares, la población en general creció rápidamente una vez superados los primeros momentos de desconcierto y desorden: en 1.572 había unos 1.750 vecinos, entre nuevos pobladores y cristianos, que en 1.587 eran sólo 930 y a mediados del siglo XVII ascendían a 2.350, según Jorquera (24), sólo en la Alpujarra granadina.

La repoblación tuvo importantes repercusiones en la economía regional. El cultivo de la tierra por los nuevos pobladores debía hacerse *"conforme a la costumbre de la tierra, de manera que siempre vaya en crecido y no venga en disminución"* (25); pero, en una visita de inspección hecha en 1.593, quedó bien patente que *"muchas casas estaban caídas o mal tratadas, que las viñas y, en general, todo el arbolado estaba destruido o mal laboreado y que muchas acequias aparecían hundidas y sucias"* (26). A ello contribuyó, por un lado, la escasa generosidad de la administración, que intentó hacer de la repoblación una forma de imposición, y, por otro, la dureza del medio físico y las circunstancias en que se encontraba la región después de una guerra en la que la destrucción de los *"panes"* había sido un arma decisiva. Además, debe de tenerse en cuenta la específica idiosincrasia de los repobladores, que, como señala Sermet (27), eran hombres de llanura, de altiplanicie, que ignoraban la vida de montaña tal como la entendían los moriscos. Ante todo se trataba de labradores de *"secano"* y éste era el sistema de cultivo que practicaban y conocían bien. Por ello el regadío y la arboricultura fueron sustituidas, en parte al menos, por el cultivo cerealista extensivo, que obligó a ampliar las tierras de labor mucho más de lo que habían estado antes de 1,570. Esta transformación, sin embargo, fue necesariamente muy lenta; según Jorquera (28), a mediados del siglo XVII, la Alpujarra Alta *" es tierra fertilísima y abundante de muchas arboledas; críase en ella cantidad de seda, de morales que vienen a la aduana de Granada, hay mucha manzana, peras y camuesas de verano e invierno, de que se valen los moradores que la llevan a Granada"*. Y la conservación de la morera y el moral como base de una industria sericícola, en plena decadencia, pero todavía fuerte en torno a Ugíjar durante el pasado siglo XIX, confirman el hecho (29).

La transformación del paisaje agrario alpujarreño tuvo dos consecuensias de gran importancia geográfica. En primer lugar, el retroceso, al menos relativo, de los cultivos arborescentes y la extensión de la tierra de *"pan llevar"*, realizada normalmente a expensas del bosque original de encinas, alcornoque, castaños y pinos, motivó la parcial desaparición de la vegetación espontánea y aceleró la velocidad de erosión de los torrentes alpujarreños. Tal cambio afectó, primero, a la Alta Alpujarra, asiento de la repoblación inicial, y sólo se extendió a las sierras costeras durante el siglo pasado, una vez que, superado el peligro berberisco, se activó la ocupación humana del litoral. Según Madoz (30), la desforestación de las sierras de Gádor, Contraviesa y Lújar y su posterior ocupación por un paisaje arborizado de almendros, vides y olivos está también íntimamente relacionada con el desarrollo de la minería del ploma almeriense (entibado) y el progreso de la fabricación de azúcar de caña (calderas). La erosión del suelo favoreció la formación y expansión del sistema de deltas aluviales del Guadalfeo, Grande de Adra y Andarax, base respectiva de las hoyas litorales de Motril, Adra y Almería. La violencia erosiva fue a veces tan grande que destruyó el emplazamiento de antiguas poblaciones y obligó a defender con costosas obras amplias comarcas del país. Así sucedió, por ejemplo, en las márgenes del río Chico y del barranco de Poqueira y, en general, en toda la Alpujarra Occidental (31).

La expansión agraria permitió el desarrollo demográfico. A mediados del siglo XVIII, el Catastro realizado por orden del Marqués de la Ensenada en 1.752 (32) calculaba la población alpujarreña en unas 3.500 familias, alrededor de 17.500 almas. Sin embargo, según los datos recogidos por Madoz (33), los alpujarreños ascendían en 1.844 a un total de 13.782 familias y 62.257 habitantes, lo que significaba un aumento superior al 250 por 100 en memos de un siglo y de casi un 1 por 100 anual, muy por encima del crecimiento nacional, inferior al 0,50 por 100, y sólo explicable por la existencia de una fuerte inmigración. Durante la segunda mitad del siglo XIX, y tras un primer momento demográficamente positivo hasta 1.869, la población alpujarreña demográficamente positivo hasta 1.869, la población alpujarreña tendió a estabilizarse e incluso a disminuir rápidamente en el último decenio. Según los censos oficiales, los alpujarreños ascendían a 74.614 en 1.860, con un progreso anual muy alto, del 2,1 por 100 anual, repecto a 1.844, mientras que en 1.877, con sólo 71.819 almas, el retroceso absoluto de la población implicaba, teniendo en cuenta el alto crecimiento vegetativo comarcal, un franco proceso emigratorio. Tal tendencia continuó en el decenio siguiente -71.377 habitantes en 1.887-, acelerándose después hasta los mínimos de 1.900, con 63.184 almas, y 1.910, en que

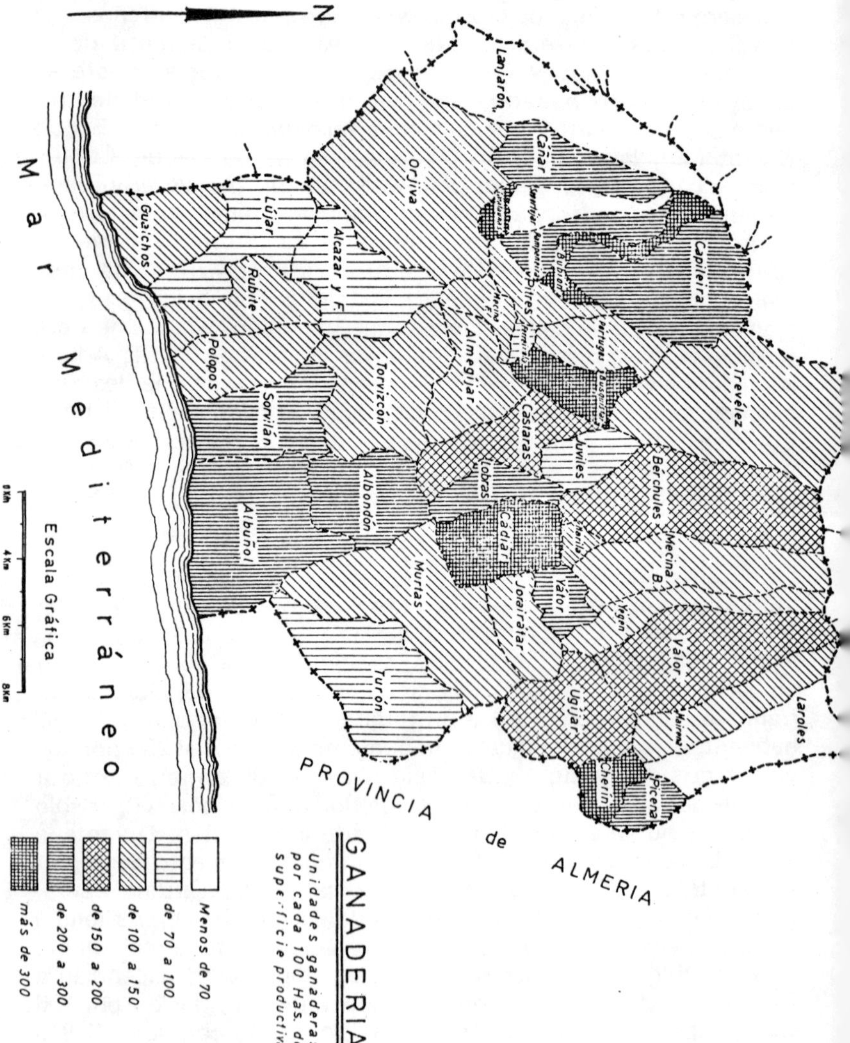
GANADERIA
Unidades ganaderas por cada 100 Has. de superficie productiva
Menos de 70
de 70 a 100
de 100 a 150
de 150 a 200
de 200 a 300
más de 300
Escala Gráfica
0 Km
4 Km
6 Km
8 Km
N
Mar Mediterráneo
PROVINCIA de ALMERIA
Lanjarón
Cáñar
Orjiva
Lújar
Guaichos
Alcazar y F.
Rubite
Polopos
Sorvilán
Albuñol
Albondón
Torvizcón
Almegíjar
Pitres
Capileira
Bubión
Pórtugos
Busquístar
Trevélez
Juviles
Cástaras
Lobras
Cádiar
Bérchules
Mecina B.
Yátor
Yegen
Murtas
Turón
Jorairátar
Ugíjar
Válor
Laroles
Mairena
Cherín
Picena

casi se volvió a las cifras de comienzos del XIX, al alcanzarse su mínimo moderno de 63.100 habitantes.

El máximo de 1.860, con una densidad superior a los 58 habitantes por kilómetro cuadrado, significó el apogeo demográfico alpujarreño, en relación, sin duda, con la expansión máxima conseguida por la superficie agrícola comarcal. La regresión subsiguiente, iniciada ante la saturación total de las posibilidades económicas regionales, se aceleró después por el impacto de la crisis demográfica general española de finales de siglo -epidemias de cólera, carestía alimenticia, incremento de la emigración (34)- y, sobre todo, por el golpe tremendo que para la economía comarcal significó la penetración de la filoxera y la destrucción subsiguiente del viñedo alpujarreña (35). Desde entonces, pese a ciertas reacciones positivas, aunque limitadas, entre 1.930 y 1.959, la población alpujarreña se ha mantenido claramente estabilizada a causa de la continuidad y, a menudo, el ascenso de la emigración. Los censos oficiales con sus cifras de 59.879 habitantes en 1.920, 63.185 en 1.930, 68.727 en 1.940, 73.039 en 1.950 y 66.400 en 1.960, implican, si consideramos un crecimiento vegetativo medio del 1 por 100 anual, un volumen emigratorio de al menos unos 23.560 habitantes en los últimos decenios, desde 1.920, con un promedio anual de 470 emigrantes anuales, equivalente a 9 por cada 1.000 habitantes y muy superior al índice nacional medio. Y tal situación tiende a agravarse desde 1.960, con clara recesión absoluta y relativa: 52.182 almas en 1.970 y 47.566 en 1.975, y una densidad de 37 habitantes por kilómetro cuadrado. Es decir. la Alpujarra granadina tiene hoy no solo menos habitantes que en 1.950 y que a comienzos de siglo, sino incluso menos que en la época de Madoz y, no digamos, que en 1.960. En este último momento, de apogeo socioeconómico, su población relativa -58,9 habitantes por kilómetro cuadrado- casi duplicaba los valores actuales.

Esta regresión demográfica tiene una clara raíz migratoria. Se trata de un típico éxodo rural de montaña que, salvo hasta cierto punto el periodo 1.930-1.950, ha sido una constante desde finales del siglo pasado y se ha agravado después de 1.960. Entre este último año y 1.975, y considerando un incremento natural del 0,5 por 100 anual, muy inferior al promedio nacional, las pérdidas por emigración ascenderían a 23.704 personas, con un promedio anual de 1.580 y una tasa de 23,9 por cada mil habitantes. Ello implica cuadruplicar casi las cifras anteriores a 1.960, con lo que la presencia alpujarreña en las áreas tradicionales de su emigración interior se ha intensificado, concretamente en Cataluña, aparte de ser cada vez más frecuente su aparición en los paises de Europa

Central, en Francia, Alemania y Suiza. Esta intensificación de la emigración no sólo está vaciando la Alpujarra, sino que la está destruyendo biológicamente. El envejecimiento de su población, ya muy sensible, superior al 15 por 100 después de 1.970 si consideramos los mayores de sesenta años, y el cada vez más rápido descenso de las edades medias y jóvenes, ha conducido a un índice vegetativo (0,6%) inferior al regional, todavía bastante alto (1,4%) e, incluso, al nacional (1,1%). Así, las posibilidades de una recuperación espontánea de la población son difíciles y, en última instancia, el retroceso demográfico, al convertirse en una realidad biológica y no simplemente migratoria, podrá significar como rersultado lógico y natural el desertizado humano de la Alpujarra.

UNIDAD Y VARIEDAD ECONOMICAS

La Alpujarra, en conjunto, tiene una clara unidad económica. Ello es casi resultado de su casi perfecta unidad física e histórica, como de la existencia de unos elementos económicos comunes. La Alpujarra, recoleta en su cinturón montañoso y escalonada en la más erguida serranía española, es un conjunto agrario característico, sin ninguna de las notas de la vida de alta montaña. Así, por ejemplo, puede resaltarse la escasa significación de la ganadería y, sobre todo, de la vacuna en relación al conjunto de la economía total y de la agraria en particular. Y, sin embargo, la agricultura aparece limitada a áreas muy concretas, aisladas entre sí, y de escasa superficie total.

Los datos del Catastro de Rústrica (36) permiten una imagen clara de la economía alpujarreña. En un total de 129.520 hectáreas de superficie productiva son 83.671 hectáreas, el 64,6 por 100, las constitutivas del área no cultivada, formada por pastizales, erial a pastos, atocha, monte bajo y monte alto. Ahora bien, este último, el bosque propiamente dicho, significa muy poco en ese total: sólo unas 5.947 hectáreas, apenas el 7,1 por 100 de la superficie sin labrar, sin contar el área en repoblación, en la práctica un monte bajo poco desarrollado, salvo excepciones, con unas 6.000 hectáreas en 1.964. Aunque la existencia tan relevante de los pastizales y similares -alrededor de 62.000 hectáreas (74,3 por 100)- parece indicar una importante vida pastoril, la realidad de los hechos es muy diferente.

La Alpujarra cuenta con una reducida ganadería y, en especial, son muy limitadas las especies propias de las regiones montañosas, y, en concreto, del ganado vacuno. Sólo las especies menores, sobre todo el lanar y el porcino, tienen importancia, aunque sin duda inferior que en el pasado. En 1.962, el censo ganadero alpujarreño registraba los siguientes efectivos: 31.465 ovinos, 11.885 cerdos, 23.097 cabras y 3.201 vacunos, calculándose que, anteriormente a 1.940, esa ganadería era un 25 por 100 mayor en número, salvo en el caso de los ganados vacuno y porcino, que se encuentran actualmente en pleno progreso a causa de recientes planes de desarrollo pecuario: unos 15.000 vacunos y 50.000 cerdos frente a 15.000 ovejas y 35.000 cabras a comienzos de los años setenta. Sobre todo, formas tradicionales pastoriles, como la trashumancia, están en franca decadencia. Aparte de las razones generales que atañen a todo el Mediterráneo, pueden agregarse la ocupación de los principales pastizales costeros, como los Campos de Dalías (Almería) y Llano de Carchuna (Granada), por la agricultura de huertos *"enarenados"* (37), y la extensión de la repoblación forestal a muchas áreas de alta montaña que servían como pasto de verano. En todo caso, la importancia de esta considerable masa de eriales y monte bajo hace pensar en la conveniencia de estudiar a fondo la transformación de esa ganadería y, sobre todo, la extensión, como se está haciendo en el barranco de Poqueira y en el alto Trevélez, del ganaddo vacuno.

La superficie agrícola propiamente dicha, en cambio, comprende solamente unas 45.849 hectáreas (35,4 por 100). Inferior a la ganadera y forestal en extensión, es el fundamento de la vida económica alpujarreña, con un típico enfrentamiento -propio de los países mediterráneos- de dos ámbitos muy diferentes -regadío y secano-, que se complementan y solidarizan desde muy antiguo. El secano es el renglón principal en orden a la superficie ocupada, ya que significa las tres cuartas partes del total, pero cuyo rendimiento y productividad son muy limitados e inferior en valor al regadío. En general, se trata de un secano que, como en toda la fachada mediterránea, está muy arborizado, sobre todo en las sierras costeras. Almendros, vid y olivos, en la Alpujarra Baja, y castaños, robles, encimas y nogales, en la Alpujarra Alta, son la base de esa arboricultura que parece tuvo mucha mayor importancia en el pasado y que, en la actualidad, se encuentra en franco progreso.

Sin embargo, el secano cerealista -con 16.293 hectáreas, frente a las 11.017 del almendral, las 5.927 del viñedo y las 2.375 del olivares el que, individualmente y en masa, predomina hoy, especialmente, en las áreas de mayor altitud y, sobre todo, en la Alpujarra Alta, que es, por otra parte, la de invierno más riguroso y de peores condiciones edáficas por la violencia de la erosión. Se

SUPERFICIE CULTIVADA

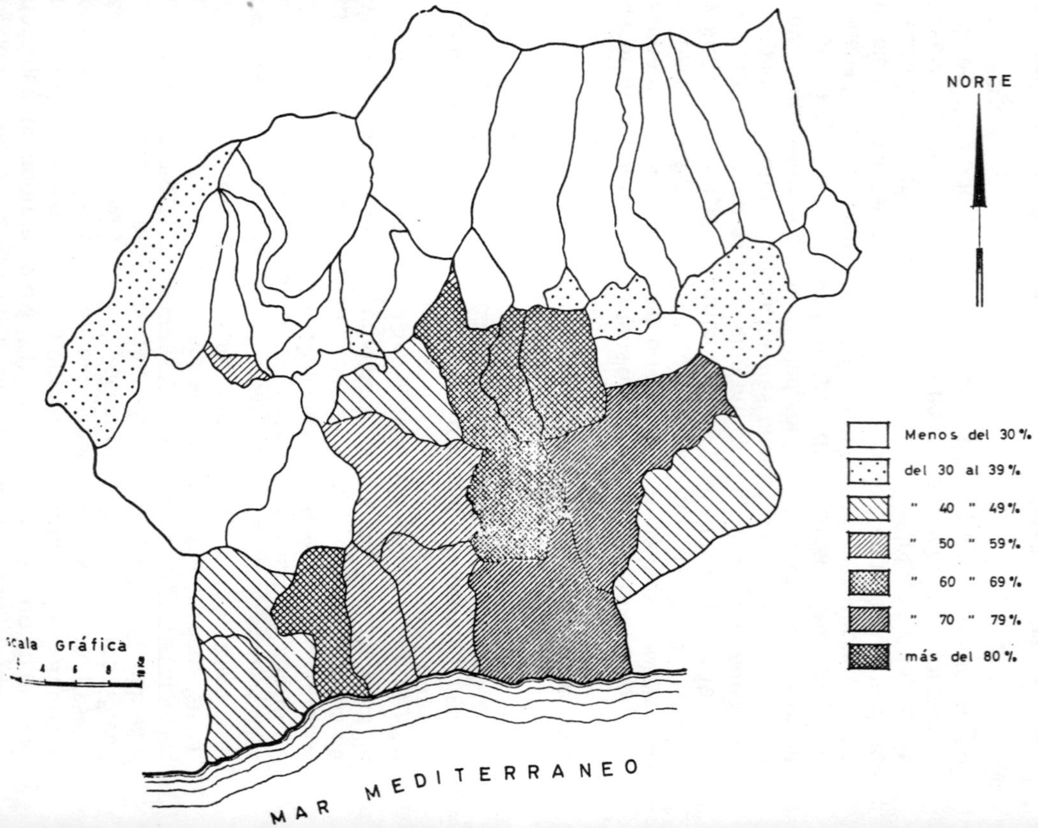

trata, además, de tierras de "pan llevar", con cultivo cereal pocas veces exclusivo, ya que a menudo el cereal (trigo, cebada o centeno) sirve de base a formaciones arborescentes muy diversas y que agregan casi siempre una segunda cosecha a la anual herbácea. El sistema más difundido siempre es el mixto de cereal-barbecho, con plantaciones de almendros y olivos en las sierras costeras, mientras que en la Alta Alpujarra la roturación, al crear los campos cerealistas, ha respetado ciertos rodales de vegetación espontánea (encinar, chaparro, castaños), que se intercalan entre las tierras cultivadas a manera de setos vivos o simplemente como formas residuales interiores de las parcelas. Así, a menudo, el secano cerealista adquiere una variedad paisajística común a toda la fachada mediterránea y que falta o es menos frecuente en las altiplanicies interiores béticas.

El regadío, con un total de 11.489 hectáreas, algo más del 25 por 100 del total de la superficie cultivada, se dispersa dentro del secano en una serie de pequeñas y aisladas vegas que tienen su origen en el medioevo o, incluso, anteriomente. Las diferencias existentes entre las áreas de irrigación costeras y las interiores son considerables; en primer lugar, por su contraste con el secano inmediato, extremado en la Alpujarra Baja y menos acusado en la Alta, pero también por sus diferentes posibilidades de cultivo. Sin embargo, existe un punto de partida común, el predominio del cultivo cerealista en invierno, casi exclusivo en las laderas de Sierra Nevada y muy importante en la Alpujarra Baja, con un importante porcentaje de barbechos invernales, alrededor del 25 por 100 del total regado, que es la base de algunos cultivos estivales. La estación veraniega, la de máxima actividad campesina, presencia una mayor variedad de cultivos, judías, patatas y maíz en la vegas altas; maíz, judías y hortalizas diversas en la más próximas al litoral. El regadío, por otra parte, se encuentra muy arborizado y cada vez más intensamente, aunque sin que por el momento pase de una ocupación muy difusa y anárquica, sin auténticas plantaciones. Predominan los árboles frutales, muy diferentes según las zonas de altitud y las posibilidades de irrigación asegurada. El naranjo y, en menor cuantía, el limonero son los más extendidos en las vegas de la Baja Alpujarra, mientras que manzanos, perales y cerezos, junto con los castaños y el nogal, son la base del regadío arborescente de la Alta Alpujarra.

La superficie cultivada está muy desigualmente repartida dentro de los límites de la Alpujarra. Las diferencias de altura y de exposición; los contrastes climáticos, tan acusados en los que se refiere a la humedad; la desigual profundidad y contextura del suelo; la distinta pendiente de las diversas áreas comarcales, son factores de gran importancia a los que deben añadirse, y no a título secundario, otros estrictamente humanos, como la evolución histórica, la estructura de la propiedad y de la explotación, la tensión demográfica, etc. En principio, existe una clara oposición entre las dos principales unidades comarcales alpujarreñas, ya que si la Alpujarra Alta sólo cuenta con un 18 por 100 de tierras cultivadas respecto a la superficie productiva, en la Baja las cifras superan al 55 por 100. El factor decisivo en esta diferenciación es la altitud, encontrándose en la Alpujarra los cultivos más elevados de la Península Ibérica y quizás de Europa, en los municipios de Capileira y Trevélez. En el primero, los cultivos llegan hasta 2.400 metros en el valle del río Lagunillos, y a 2,440 en el del Mulhacén, en la ladera meridional del cerro. En Trevélez, más al Este, las labores suben algo más, a 2,500 metros, en La Campiñuela, al pie de las Siete Lagunas, en la cara oriental del Mulhacén. En realidad, tales áreas cultivadas no forman una masa compacta y continuada, constituyendo isleos agrícolas en medio de eriales y pastizales modificados por la existencia del regadío. Su altitud, que los introduce en las áreas de innivación invernal, determina su carácter temporal, origen de la típica traslación veraniega de los campesinos alpujarreños desde sus pueblos hasta los "cortijillos" a medida que se produce la retirada de la nieve (38). Por ello, el límite superior de los cultivos permanentes -inferior a los pastizales de verano- sigue, aproximadamente, la isohipsa de 2.000 metros, coincidente con las acequias de caudal permanete y, en definitiva, con el límite superior del regadío: 2.100 metros en la acequia alta de Lanjarón, en el extremo occidental de la Alpujarra; 2.140 metros en la acequia de los Castillejos de Capileira; 2.230 metros en la acequia Gorda de Bérchules y Juviles, más al Este.

En conjunto, una actividad agraria extensiva en relación al total de la superficie ocupada, pero muy intensiva si se tiene en cuenta el trabajo desarrollado en relación a un medio poco agradecido y esencialmente hostil. Todo ha exigido por parte del alpujarreño una labor continuada, tenaz e incansable, con un horizonte de trabajo caracterizado por su concentración estival, y la amplitud, sobre todo en las áreas más elevadas, de la estación muerta, con tareas muy limitadas y largos períodos de ocio que, sin embargo, na han creado ninguna actividad artesana ni desarrollado demasiado la emigración temporal de trabajadores a las regiones inmediatas. Se trata, por otra parte, de una agricultura dominada por la pequeña propiedad, casi un minifundio, al que lo abrupto y escarpado del terreno impelían y que fue confirmado y agravado por el sistema de repoblación subsiguiente a la expulsión de los moriscos (39). Tanto los datos catastrales como el Censo Agrario de 1.962, nos señalan el predominio de las fincas menores de cinco hectáreas y el reducido número de latifundios. Así, el Catastro señala la existencia de un total de 23.849 propietarios, de los que 20.394, el 85,3 por 100, tienen menos de cinco hectáreas, teniendo 8.125 de estos propietarios superficies inferiores a media hectárea. Y, según el Censo Agrario de 1.962, las explotaciones inferiores a 10 Has. (12.646), con una superficie total de 25.794 Has., significan el 23,1 por 100, las intermedias (10.300 Has.), el 29,8 por 100, y las mayores de 300 Has. (41), el 47,1 por 100.

Por consiguiente, el propietario alpujarreño es uno de los menores de Andalucía Oriental y de España, ya que la extensión media de sus tierras -incluidas las de estricto valor ganadero y forestal- asciende a sólo 5,4 hectáreas por propietario, frente a 9,8 en la provincia de Granada, a 8,8 en Andalucía Oriental y a 7,14 en el conjunto de España (40). Claro es que el volumen de la propiedad estrictamente agraria es muchísimo menor, si se tiene en cuenta que la totalidad de las fincas con más de 300 hectáreas y un número muy elevado de las superiores a 100 hectáreas son estrictamente ganaderas o forestales. Por ello, descontando las 52.636 hectáreas de las 41 fincas superiores a 300 hectáreas catastradas en la Alpujarra, que significan el 47,1 por 100 de la superficie productiva, la propiedad media disminuye a sólo 3,7 hectáreas. Debe hacerse notar que la mayor parte de las grandes fincas y grandes propietarios aparecen exclusivamente en la Alta Alpujarra, ocupando las áreas de pastizales y eriales de las cumbres de Sierra Nevada a partir de los 2.000 metros de altura, y siendo normalmente propietarios los mismos municipios, bien sea en forma de bienes propios o de comunales. Una pequeña propiedad que además está bastante parcelada; con un total de 101.022 parcelas catastrales, el propietario alpujarreño presenta un promedio de cuatro por propietario, con una extensión media por parcela de 1,2 hectáreas.

Pobre agricultura, en relación al trabajo exigido al campesino, y pequeña propiedad, minifundista y parcelada, coinciden, en líneas generales, con una economía cerrada, casi autárquica, meramente familiar y de estricto consumo. Cada campesino, con una producción limitada a los artículos de consumo diario, con una base cerealista, hortícola y forrajera, que está en íntima relación con su ganado, procura, en primer lugar, obtener todos aquellos frutos que forman parte de su sustento diario; un cereal panificable, algunas leguminosas, una cabra para leche y uno o dos cerdos de engorde y las hortalizas indispensables. El predominio de este tipo de economía cerrada es resultado del aislamiento de la región, encerrada en su cinturón montañoso y en sus valles de

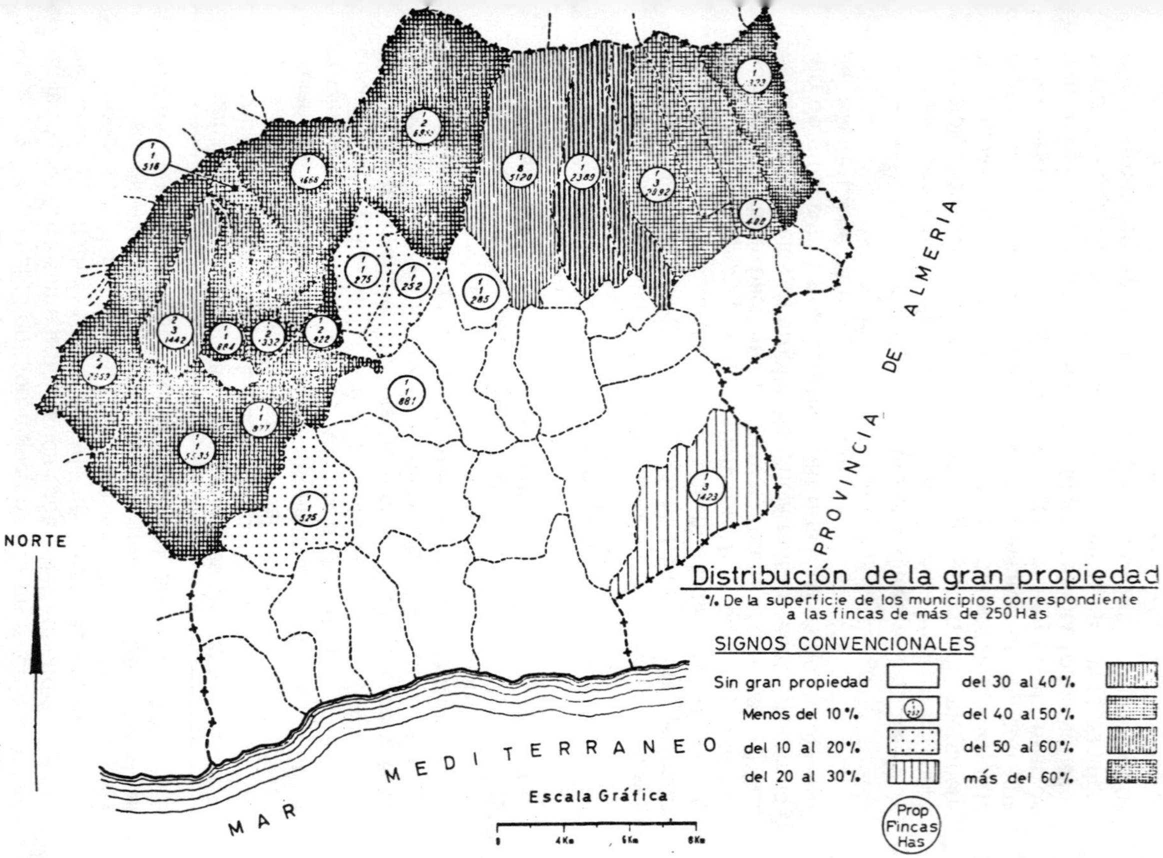
NORTE
PROVINCIA DE ALMERIA
MAR MEDITERRANEO
Distribución de la gran propiedad
% De la superficie de los municipios correspondiente a las fincas de más de 250 Has
SIGNOS CONVENCIONALES
Sin gran propiedad
Menos del 10 %
del 10 al 20 %
del 20 al 30 %
del 30 al 40 %
del 40 al 50 %
del 50 al 60 %
más del 60 %
Prop Fincas Has
Escala Gráfica

alta montaña y frecuentemente sometida a unas circunstancias especiales -nevadas y crecidas de los ríos- que acentúan ese aislamiento y mantienen a las Alpujarras fuera de la relación normal con la capital privincial, y más aún, si cabe, con los puertos que podrían permitir la salida de sus productos. Sólo muy recientemente, en paralelo al desarrollo de las comunicaciones por carretera -iniciadas entre 1.930 y 1.940 y prácticamente acabadas después de 1.960-, han sido surgiendo algunos cultivos dirigidos al comercio extracomarcal y que, en general, han provocado cierta especialización dentro de las Alpujarras. En este sentido pueden señalarse la viticultura, en íntima ligazón con el almendro, de la Baja Alpujarra; el cultivo de las judías y la cría de ganado vacuno y porcino en la Alta Alpujarra, y la intensificación de la hosticultura especializada en frutos tempranos de la misma costa alpujarreña.

Una economía cerrada, autárquica, de base familiar. Cada familia actúa, por lo general, como un ente cerrado, de actuación conjunta y en la que cada miembro tiene un papel determinado que cumplir, tanto los padres como los hijos, y dentro de una rígida disciplina en la que los cabezas de familia tienden a una cierta división en el control de la familia (41). Consecuencia natural es la falta casi completa de asalariados, al menos en su sentido estricto, de trabajadores sin otro bien que sus brazos tan frecuente en Andalucía; el predominio de la explotación directa, en detrimento de la aparcería y el arrendamiento, en pleno retroceso, y la existencia de una institución peculiar, de colaboración entre las distintas unidades familiares a medida que las tareas campesinas exigen un volumen de mano de obra superior a la existente en al familia, el *"tornapeón"* (42). Según las encuestas celebradas en el país y confirmadas por los datos de la Cámara Oficial Sindical Agraria (43), los *"braceros"* sólo significan en el conjunto alpujarreño el 10 por 100 de la población laboral, siendo prácticamente inexistente en la Alpujarra Alta, dominio típico del *"tornapeón"*, y poco frecuente en las sierras costeras. Por otras parte, el mayor porcentaje de los asalariados está constituido por pequeños propietarios, que no cuentan con tierra suficiente para un pleno empleo continuado y pueden, transitoriamente, alquilar sus brazos. Asimismo la emigración ha provocado el retroceso de este *"proletariado"* campesino y, sobre todo, del pequeño propietario o pequeño cultivador por cuenta ajena, base de la emigración a las próximas zonas urbanas, a Cataluña o al extranjero.

En 1.962, sobre un total de 15.472 explotaciones estimadas por el I Censo Agrario, las de explotación directa ascendían a 7.298 (47,8 por 100), frente a 4.771 en aparcería y 3.403 en arrendamiento. Ahora bien, dentro de los tres tipos predominan, con un total de 11.433 -6.437 directas, 1.105 en arrendamiento y 3.899 en aparcería-, las explotaciones familiares que no utilizan mano de obra asalariada. Su resultado natural es que en la población activa agraria censada por dicho censo los campesinos asalariados ascendían en 1.962 a sólo 6.251 personas, frente a 19.164 labradores no asalariados y que trabajaban normalmente por cuenta propia. Todo, en definitiva, explica la limitada capitalización de la agricultura alpujarreña, visible en el estado de la maquinaria agrícola censada en 1.962, con un total de 4.836 arados romanos, 7.830 arados vertedera, 130 arados de clase diversa, 164 gradas, 2.115 trillos, siete máquinas trilladoras, 474 aventadoras y tres tractores. Aún teniendo en cuenta la limitada fiabilidad de estas estadísticas, la significación de estas cifras es evidente.

Por otra parte, durante los últimos decenios, desde 1.960 en especial, este mundo agrario ha tendido a deteriorarse. El II Censo Agrario (1.972), tan discutible en su utilidad científica, señala un retroceso de las explotaciones agrarias que oscila entre el 30 y el 50 por 100, según los municipios y las comarcas. En la Alpujarra Alta, Capileira ha descendido de 255 en 1.962 a 167 en 1.972, Bérchules, de 549 a 362 y Valor de 467 a 369, Orjiva, en el corazón del Guadalfeo Medio ha pasado de 753 (1.962) a 958 (1.972), mientras que en la Baja Alpujarra, Murtas ha disminuido de 714 a 415, Albondón de 576 a 511, Polopos de 401 a 287 y Guachos de 391 a 270. Este retroceso ha sido debido no sólo a una concentración espontánea de las pequeñas explotaciones a causa de la emigración de muchos pequeños labradores que han transferido sus tierras a parientes y amigos, sino sobre todo al abandono de muchas de ellas, especialmente en las áreas más marginales y de más difícil aprovechamiento de la Alta Alpujarra. Paralelamente, las tierras labradas han disminuido en alrededor de un 15 por 100 respecto a 1.962 en el conjunto total, siendo aun mayor el porcentaje en los secanos cerealistas, reducidos aproximadamente en un 25 por 100. Con ello, por ejemplo, los labrantíos por encima de los 2.000 mts. de altitud han desaparecido, siendo también poco cultivadas las fincas superiores a los 1.500 mts., incluso las de regadío y no existiendo ya prácticamente cultivos temporales de tipo tradicional.

En fin, el carácter agrario de la Alpujarra es evidente. Actualmente, sobre una población activa que, en total, puede calcularse como máximo en unas 20.000 personas, alrededor de 18.000, es decir el 90 por 100, dependen del sector primario y más concretamente de las actividades agrarias. Incluso, el escaso número de pescadores (marengos) que existe en los municipios costeros, alrededor de 250 concentrados en La Rábita, La Mamola y Castelldeferro, colaboran, al menos temporalmente, en las labores campesinas. Entre las actividades no primarias, poco numerosas, destacan las tareas artesanales de interés local, la minería, en plena decadencia, los servicios comerciales y de transporte y, muy recientemente, y sin apenas entidad, el turismo. Pero, además, todas estas profesiones aparecen sumamente localizadas, en dos o tres lugares de la Alpujarra.

VARIEDAD COMARCAL

La unidad económica, unidad a la vez en lo tradicional y en la modernidad, es indudable. Existen, pues, unos elementos comunes de índole económica, tan comunes como los techos planos y aterrazados de la casa alpujarreña, extendida a lo largo de la Andalucía mediterránea, entre el mar y la línea de cumbres penibéticas (44). Y hay, además, otros elementos comunes, enlazados hasta cierto punto con la vida de montaña y de índole estrictamente antropológica, como su acusado sentido de clan, sus características fiestas populares o su específica visión de lo religioso (45). Pero también existen caracteres diferenciadores, tanto físicos como humanos, que permiten, al menos, una grosera división tripartita: la Alpujarra Alta Oriental, la Alpujarra Alta Occidental y la Alpujarra Baja. Claro es que, incluso, los matices muy cambiantes y diversos dentro de cada una de esas unidades internas, implican numerosas y diferentes pequeñas comarcas, casi una por valle.

a) *La Alpujarra Alta*

La escarpada ladera montañosa que delimitan el curso del río Guadalfeo, por el Mediodía, y las altas cresterías de Sierra Nevada, por el Norte, constituye la Alpujarra Alta. En total, 899,78 kilómetros cuadrados y 29.571 habitantes (1.970), distribuidos en una serie de pisos altitudinales que, como en la América andina podrían calificarse de *"tierras frías"*, de *"tierras templadas"* y casi de *"tierras calientes"*. Su desnivel, próximo a los 3.000 metros, entre el fondo del sinclinal interior recorrido por el Guadalfeo y las cumbres más altas de la sierra, justificaría tal gradación en altura. Pero, entre los diversos escalones, la red de barrancos siempre bulliciosos, por donde discurren las aguas del deshielo y cuyas escarpadas márgenes provocan y estrechas escotaduras naturales, implica la existencia de diversos valles transversales y perpendiculares al curso del río Grande o Guadalfeo. Tales valles tienen su cabecera en la nieve y su pie en el gran surco logintudinal -la Alpujarra Media, podría llamarse-, donde los matices de *"tierra caliente"*, con los prevalentes de *"tierra templada"*, no faltan nunca.

Esta estructura ha facilitado, como en otras cordilleras (46), el aislamiento de cada barranco, de cada valle, separados unos de otros por un interfluvio más frío, más seco y más hostil a la ocupación humana. En la época musulmana, cada uno de ellos constituía una unidad comarcal (*"tahas"*), aisladas entre sí. Sólo recientemente, en los últimos cincuenta años, ha ido surgiendo una red de caminos que remonta, al menos parcialmente, los barrancos serranos y, en algún caso, alcanza la misma línea de cumbres, como la carretera que, contorneando el Veleta, enlaza Granada con el valle del Poqueira. Por ello, cada uno de los municipios que constituyen la Alpujarra Alta se adapta casi exactamente a la cuenca de cada uno de los ríos o torrentes que se alimentan de las nieves serranas. O, en todo caso, dos o tres municipios unidos forman el barranco.

A lo largo de cada valle, en su margen más soleada, a mitad de ladera y nunca en su parte más baja, siempre demasiado fría y húmeda, se concentran los núcleos de población, pequeñas aldeas de casas aterrazadas y escalonadas, en típico habitat concentrado de pocos habitantes, alrededor de las mil almas, y que puede desdoblarse, aguas arriba, en una amplia dispersión de *"cortijillos"* aislados y sólo temporalmente ocupados, hasta los 2.200-2.500 metros. En cada municipio, y en definitiva, en cada valle existe un terrazgo de regadío con fruticultura y hortalizas aliadas a un cereal panificable de invierno que recuerda el paisaje morisco y está situado a lo largo del curso de agua y no lejos de él, aunque en su ladera más soleada, en contraste con la umbría, más ganadera y forestal. Las parcelas, muy pequeñas y separadas entre sí por setos de tierra y árboles, sobre todo castaños y quejigos, se escalonan según la pendiente, exigiendo un trabajo concienzudo todo el año, pero que es agobiante en verano. Los cultivos se disponen según la altura: olivos, parrales, maíz, en las tierras bajas; castaños, manzanos, patatas, judías, trigo y cebada, en las más altas, hasta el límite superior cultivado.

Entre las vegas, fundamento de la vida campesina, separando unas de otras, los interfluvios dominados por el secano cerealista y que ha alcanzado su expansión principal después de la repoblación de 1.572 a expensas de los bosques de encinas y robles. Un secano extremadamente extensivo y de bajos rendimientos, tanto por la pobreza del suelo, muy afectado por la erosión, como por la dureza del clima, de inviernos rigurosos en los que la nieve no falta desde enero a marzo. Este secano, que a menudo es un regadío eventual con aguas invernales y pocas veces estivales, puede ascender hasta los 2.200-2.500 metros en forma de cultivos temporales de verano, que van remontando la montaña a medida que se produce el deshielo. Así, en las tierras altas, las más frías, aparecen los campos de centeno y patatas dispersos entre las verdes praderías de rica y jugosa hierba o entre el compacto matorral leñoso o espinoso. El pastizal, recogido en el fondo de las cubetas glaciares o extendido sobre las alomadas cumbres, acoge a los rebaños de lanares que, en invierno, han permanecido en los llanos costeros, o todavía pastan en los barbechos ó en los eriales de la Contraviesa.

b) *La Alpujarra Alta Oriental*

El esquema esbozado anteriormente es general, con ligeros matices, a toda la Alpujarra Alta. Y corresponde, en conjunto, a unos modos de vida tradicionales que se constituyeron a partir de la expulsión de los moriscos y en los que no faltan los mismos elementos precristianos. Tales modos de vida han sufrido desde entonces escasas transformaciones y sólo desde la última centuria, en que el impacto de la superpoblación y el incipiente desarrollo de nuevas actividades están modificando la vida tradicional. Los nuevos modos de vida, sin embargo, sólo aparecen con nitidez en los barrancos occidentales, siendo los orientales un remanso de tradición (47).

La Alpujarra Alta Oriental, entre el río Grnade y el valle del Laroles, tiene 425,37 kilómetros cuadrados y 14.668 almas. Alcanza menor altura que la Occidental a causa del descenso de Oeste a Este de la cumbres serranas, oscilando sus cimas entre los 2.750 metros del Peñón del Puerto y los 2.519 metros del Cerro del Almirez. Por ello, y por su mayor distancia respecto a la zona de procedencia de las lluvias, traídas por los ciclones occidentales, es mucho más seca -entre 500 y 900 litros anuales-, aunque térmicamente más templada: 6° en enero y 22° en agosto. En conjunto, las *"tierras frías"* son limitadas; la innivación, menor y, en definitiva, sus barrancos -Mecina, Valor, Nechite, Laroles- llevan menos agua, incluso en primavera y verano en que tiene lugar el deshielo.

Los cultivos predominantes, dentro de la característica oposición entre secano y regadío -aquí más violenta que más al Oeste-, son ciertas formas arborescentes de tipo mediterráneo, no siendo tan frecuentes los árboles higrófilos, como el castaño. En el regadío, aleatorio e irregular a causa de la mayor sequedad ambiental, aparecen el naranjo, en los nivels inferiores, e incluso el limonero y, sobre todo, el olivo y la vid, a mayor altitud, asociados con el maíz, las judías y los pimientos, un poco por todas partes. En los secanos, creados a expensas del encinar, cuyos rodales residuales abundan, junto a la higuera y el almendro, se encuentran los cereales de invierno, como el trigo y, especialmente, la cebada. La menor humedad general y la intensidad de la sequía estiva dificulta la expansión agraria en altura, siendo así menos importante tanto los pastizales como los *"cortijillos"* temporales. Prácticamente toda la tierra laborable ha sido dominada en la Alpujarra Alta Oriental, ocupada y cultivada por varios siglos de paboreo. Pero no sería difícil exigir aún más a este suelo si se transformasen las condiciones técnicas de su aprovechamiento las condiciones técnicas de su aprovechamiento -abonado y sistema de rotación- y se utilizasen al máximo sus favorables condiciones climáticas, sobre todo para ciertas plantas hortícolas y determinados árboles frutales de alto rendimiento (melocotoneros).

Reducida a una agricultura que se encuentra en los límites de sus actuales posibilidades técnicas, falta de nuevas fuentes de riqueza, ganaderas, minerales o artesanas, y desprovista de comunicaciones fáciles que, junto a su situación, muy a oriente del eje de comunicaciones alpujarreñas con el litoral (Motril), la han convertido en una de las comarcas más aisladas y marginales de Andalucía Oriental, la Alpujarra Alta Oriental, tras alcanzar su plenitud demográfica a finales del siglo XIX, se encuentra desde principios de la actual centuria en plena regresión. Así, los 23.349 habitantes de 1.860 eran sólo 17.864 en 1.900; 15.345, en 1.920; 20.828, en 1.940, y sólo 14.668 en 1.970 y 14.067 en 1.975. En líneas generales, se percibe una clara estabilización, sobre todo regresión, de la población, origen de una de las mayores emigraciones comarcales de toda la provincia de Granada y de Andalucía Oriental. Según García Barbancho (48), el partido judicial de Ugíjar, que comprende básicamente a los municipios de la Alpujarra Alta Oriental, ha tenido entre 1.900 y 1.960 un saldo migratorio negativo de 18.900 personas, lo que significa una pérdida demográfica muy elevada, del 382,9 por 1.000 en 1.901-1.930 y del 476,8 por 1.000 en 1.931-1.960. Aún dentro de un área tan afectada por la emigración como Andalucía Oriental, la primera de España, en cifras absolutas, y la segunda, en valor relativo, la regresión de la población es extraordinaria. Todos los

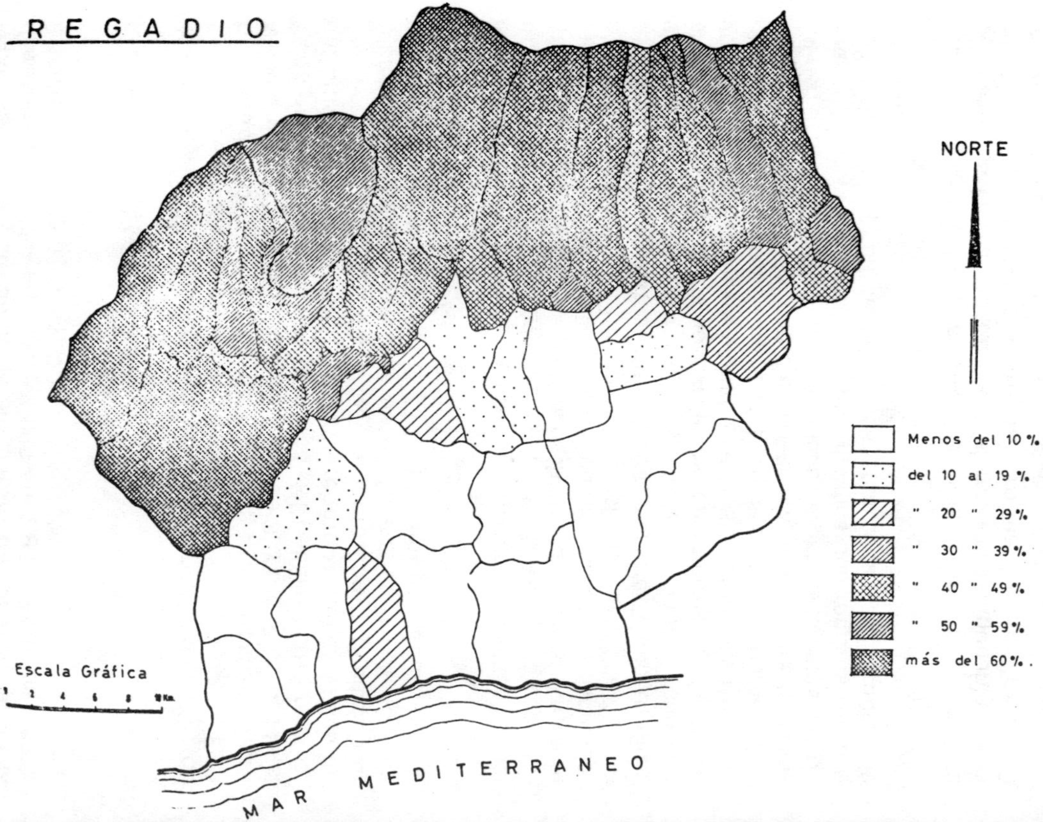
REGADIO
NORTE
Menos del 10 %.
del 10 al 19 %.
" 20 " 29 %.
" 30 " 39 %.
" 40 " 49 %.
" 50 " 59 %.
más del 60 %.
Escala Gráfica
Km.
MAR MEDITERRANEO

municipios han disminuido en población absoluta, incluso su misma capital comarcal, Ugíjar, que desde 3.002 almas en 1.860 ha descendido a 2.903 en 1.900 y a 2.416 en 1.970. La misma Cádiar, el principal mercado comarcal en el contacto entre las tres Alpujarras se ha visto afectada aunque en menor medida por la despoblación: 2.354 en 1.860, 1.906 en 1.900. 2.702 en 1.950, 2.419 en 1.960 y 2.029 en 1.970.

c) *La Alpujarra Alta Occidental*

Al oeste del alto Guadalfeo, y hasta el río Lanjarón y el valle de Lecrín, se extiende la porción occidental de la Alpujarra Alta. Está respaldada por el conjunto de cumbres más altas de Sierra Nevada y de la Península Ibérica, más de 3.000 metros desde el Picón de Jeres (3.086 metros) al Pico del Caballo (3.015 metros) incluidos el Veleta y el Mulhacén, y comprende los valles de Trevélez, Poqueira, Chico y Lanjarón, junto con la depresión de Albacete de Orjiva, atravesada por el Guadalfeo y colectora de aquellos barrancos. En total, 474,41 kilómetros cuadrados y 14.903 habitantes (1.970).

Máxima altitud y máxima pendiente explican la existencia del principal conjunto de *"tierras frías"* de la Alpujarra, con los máximos porcentajes de pastos estivales de la cordillera y el mayor dominio nival andaluz, tras la umbría serrana de Granada-Monachil-Güejar Sierra. Bajo ellas, dos claros niveles de *"tierras templadas"* y, en menor cuantía, *"tierras calientes"*, que justifican el típico escalonamiento de los cultivos y del habitat esbozado anteriormente. Sin embargo, existen ciertos matices significativos, consecuencia de su mayor altitud y de su situación más favorable respecto a las borrascas atlánticas, base de su mayor humedad e, incluso, nubosidad. Así como en relación a la gran ruta transversal penibética del valle de Lecrín, enlace natural de la depresión de Granada con la Costa del Sol, que justifica sus mejores posibilidades de salida y, en definitiva, el menor carácter autárquico de su economía.

Tradicionalmente, la Alpujarra Alta Occidental ha sido un área de notable densidad ganadera. Pese al retroceso indudable de la trashumancia, los altos pastos que rodean, desde los 2.000 metros, las cumbres penibéticas y, especialmente, al Mulhacén y al Veleta, sostienen una importante ganadería lanar, calculada en unas 13.500 cabezas, el 41 por 100 de la cabaña alpujarreña. La importancia de los grados de altura queda justificada teniendo en cuenta que Pampaneira, Capileira y Trevélez, los tres municipios alpinos por excelencia, reúnen 10.100 lanares. La tradición pecuaria se ha visto confirmada recientemente con el desarrollo de otra ganadería, de viejo prestigio por sus afamados productos, la porcina, 9.968 cabezas en 1.962 y 18.750 en 1.970, y, sobre todo, por la expansión alcanzada por el ganado vacuno, con 10.500 unidades, el 58 por 100 del total alpujarreño. Todo ello, a pesar de que la introducción en ciertas regiones de la repoblación forestal, en parte para detener la erosión del suelo, que amenazaba y todavía pone en peligro a los pueblos de los valles de Lanjarón y Soportujar (Chico), ha limitado la superficie ocupada por los pastos de altura.

El desarrollo ganadero, en íntima relación con el tímido avance del cooperativismo, aparece completado por una incipiente transformación agrícola, que se beneficia de unas relativas facilidades para la salida de sus productos y del peculiar escalonamiento agrícola que ha permitido cierta diversificación agricola de la región. Así, en el escalón *"templado"*, entre los 800 y los 1.400 metros, el monopolio cerealista invernal ha sido roto por la introducción de dos cultivos nuevos. En primer lugar, las judías, en estrecha convivencia con el trigo, entre el cual se siembran antes de la siega, y con el maíz, que, a menudo, las soportan en el estío. Además, las patatas, cuyo cultivo -iniciado en la postguerra española como una consecuencia de la escasez alimenticia- se está especializando cada vez más a causa de su carácter tardío y su notable resistencia a la podredumbre. Se trata, en general, de dos cultivos de calidad y elevado precio capaces de superar el aislamiento comarcal gracisa a su empleo como semillas y su creciente mercado de venta en la próspera horticultura de la Costa del Sol, en general, y de la Marina alpujarra, en particular. Por su parte, en el piso inferior a los 800 metros, y más concretamente en la depresión de Orjiva, favorecida por un clima de suaves temperaturas invernales y unas excelentes posibilidades de riego estival, gracias a la concentración aquí de los principales cursos fluviales -Grande de Cádiar, Trevélez y Poqueira- origen del Guadalfeo, la tradicional vega morisca de olivos, viñas y frutales está siendo sustituida por una huerta creciente de naranjos cerezos y melocotoneros en cultivo mixto con la rotación maíz-judías-alfalfa (49).

Sin embargo, no es el sector agrario el fundamento de la modernidad, sino la aparición de nuevas actividades, antes desconocidas, como la producción de electricidad y la minería. Desde 1.958 en el barranco de Poqueira se encuentra el más importante sistema hidroeléctrico de toda la Cordillera Penibética y el tercero de Andalucía Oriental. Constituido por las centrales de

Pampaneira (16.000 KVA), en el lugar de este nombre, y Poqueira (13.000 KVA), aguas arriba de Capileira, en la confluencia de los ríos Lagunillos y Veleta, ha sido el punto de partido del aprovechamiento integral de las aguas del alto Guadalfeo, donde por el momento existen otras dos centrales en proyecto en el río Trevélez, aparte de una tercera en la confluencia Poqueira-Trevélez-Grande de Cádiar. Aparte su influencia en el paisaje y su intervención en la transformación del sistema de riego, afectado por el aprovechamiento hidráulico, las consecuencias en el habitat, con la creación de un nuevo poblado, El Centenillo, junto a la Central Poqueira, y la fijación de una población lanzada a la emigración han sido indudables, aunque limitadas.

Más decisiva ha sido -fué más bien- la minería. Por una parte debe destacarse -una vez cesada la explotación de los yacimientos de mercurio de Cástaras y Timar, en 1.957- el importante yacimiento ferrífero del Cerro del Conjuro, en la margen izquierda del río Trevélez,entre los municipios de Busquístar y Cástaras, el segundo de Sierra Nevada y, en algunos momentos, de Andalucía Oriental (50). Conocido el yacimiento desde 1.896, su explotación no comenzó hasta 1.954, en que la Empresa Nacional de Industria, se hizo cargo de ella en función de las necesidades de la recién fundada factoría siderúrgica de Avilés (Asturias). La producción ha pasado de 16.500 toneladas en 1.957 a 224.176 en 1.964 y a 240.350 en 1.966, en que se han planteado determinados problemas que han deteriorado la situación de una explotación que emplea a 177 personas y constituía la base del movimiento del puerto de Motril. Mucho menos importante es el grupo de minas, actualmente sin explotación, existente en los municipios de Soportujar y Carataunas, y que en 1.966 empleaba a unos 40 obreros y obtenía alrededor de 40.000 toneladas métricas, exportadas por Motril al norte de España. Finalmente, los yacimientos de plomo de la vertiente septentrional de sierra de Lújar, pero enteramente dependientes de Orjiva; pertenecientes desde 1.942 a uno de los grupos mineros más poderosos de la Península, la Sociedad Minero-Metalúrgica de Peñarroya, su explotación se inició en 1.863, continúandose intermitentemente hasta la actualidad, con un volumen de 3.000 toneladas métricas, que daban trabajo a unos 240 hombres, incluidos los ocupados en la factoría beneficiadora de Tablones (Orjiva). La explotación del hierro cesó en 1.970 y la del plomo está en crisis.

Así, la Alta Alpujarra Occidental ha iniciado un contacto activo con el mundo exterior que puede confirmarse si la mejora del sistema de comunicaciones permite el desarrollo del incipiente turismo, que últimamente ha sido atraído por la apertura provisional del enlace, por las cumbres del Veleta, con la carretera más alta de Europa: Granada a Sierra Nevada (3.392 metros). Acaso por todo ello la evolución demográfica de esta parte de las Alpujarras ha sido menos negativa que, por ejemplo, en la Oriental o en las sierras costeras. Tras un bien definido bache hasta 1.900, tras el óptimo de 1.860 -13.384 habitantes en 1.844, 18.010 en 1.860 y 16.915 en 1.900-, tuvo lugar una tímida recuperación -17.682 en 1.920, 20.172 en 1.940 y 22.612 en 1.950- detenida en los años siguientes: 20.400 en 1.960, 14.903 en 1.970 y 13.620 en 1.975. En cualquier caso, la emigración, de evidente importancia, no ha tenido hasta 1.960 la trascendencia que en las otras comarcas alpujarreñas; según García Barbancho (51), el partido judicial de Orjiva, que engloba la región y el valle de Lecrín, con 24.856 emigrantes entre 1.900 y 1.960, tiene una tasa migratoria de sólo 388 por 1.000 entre 1.930-1.960, frente a 476 por 1.000 en Ugíjar y 569 en Albuñol, base de la Baja Alpujarra.

d) *La Baja Alpujarra*

La sierra de la Contraviesa y su carasol mediterráneo. He aquí los elementos geográficos de la Alpujarra Baja, la menor y más poblada de las tres unidades alpujarreñas granadinas. En total, 470,66 kilómetros cuadrados y 22.611 habitantes (1.970), lo que significa 55 por unidad kilométrica. Con sólo 1.350 metros de altura, la "tierra fría" no existe prácticamente, pero a su pie, a orillas del Mediterráneo, domina claramente la "tierra caliente". De origen geológico más reciente que el resto de la región, aunque acaso de mayor complejidad, la sierra de Lújar y, en parte, la de Contraviesa están constituídas por rocas calizas que motivan un relieve a menudo más abrupto y violento que, incluso, en Sierra Nevada, sobre todo, en Lújar, e incrementan con su peculiar comportamiento respecto a la humedad la sequedad atmosférica, muy superior además que en el resto de las Alpujarras. En conjunto recibe un máximo de 600 litros de precipitaciones en los pisos más elevados y alrededor de 300 en el litoral, en fuerte contraste con los 1.000 litros recogidos, por lo menos, en amplias áreas de Sierra Nevada. Las dificultades del medio debieron ser, así, la razón de que, en la época musulmana, la Alpujarra Baja, salvo donde el riego era posible y fácil, fuera un enorme y compacto matorral mediterráneo, con importantes masas intercaladas de encinas y alcornoques (52).

Con la repoblación que siguió a la expulsión de los moriscos el paisaje geográfica sufrió profundos cambios. Los nuevos pobladores, que en esta parte de la Alpujarra fueron mucho menos numerosos que en las comarcas altas -sólo se ocuparon 14 de sus actuales 40 núcleos de población-, llevaron a cabo una intensa roturación, sobre todo a lo largo del siglo XIX, una vez desaparecido el peligro berberisco. Tuvo así lugar la lenta, pero constante, desaparición de la vegetación espontánea mediterránea, reducida hoy a muy contadas áreas, dispersas en las áreas más abruptas, áridas y altas de la sierra de Lújar y del contorno del Cerrajón de Murtas (1.228 metros), la cumbre máxima de la Contraviesa. Al final de la última centuria, la tierra de "pan llevar" y los cultivos arborescentes mediterráneos dominaron el paisaje agrario, surgiendo paralelamente a la destrucción de esa vegetación espontánea una agudización del problema de la erosión del suelo, muy en relación con la característica violencia de las escasas lluvias torrenciales mediterráneas. Con ello, la Alpujarra baja se ha convertido en una de las comarcas granadinas donde la introducción de las técnicas de defensa contra la erosión del suelo ha sido una necesidad imperiosa, originando una muy reciente y profunda transformación del paisaje (53).

El área agrícola, que abarca cerca del 57 por 100 de la superficie comarcal, se acerca al 70 por 100 en la parte central de la Contraviesa, donde las pizarras micáceas permiten suelos de cierta calidad, siendo muy inferior en los mediocres suelos calizos de Lújar, al Oeste, y en las abarrancadas laderas del extremo oriental de la Contraviesa, entre Albuñol y Turón. Un área agrícola minifundista y muy parcelada, -entre el 30 y el 50 por 100 de las superficie corresponde a las explotaciones inferiores a 10 Has.-, que está dominada por el secano arborescente, cuyas 17.000 hectáreas significan más del 65 por 100 del total, y aparece ocupado por el almendro (10.500 hectáreas) y el vinedo (5.833 hectáreas). Aunque el almendro es muy antiguo, su desarrollo máximo ha sido reciente, coincidiendo con su gran difusión en el mercado internacional y los altos y crecientes precios alcanzados y con las profundas transformaciones sufridas por la planta a medida que ampliaba su área territorial. El tipo tradicional *"malagueño"*, de excelente calidad y alto rendimiento, pero muy sensible a las heladas por su carácter temprano, está siendo sustituído por las especies *"marconas"* y *"desmayo"*. de floración tardía y cosecha regular, que compensan su menor rendimiento. Paralelamente, tienden a extenderse las plantaciones compactas y masivas, en las que incluso se prescinde de los antiguos cultivos herbáceos asociados -cebada y lentejas- y que han convertido al almendro en la típica cosecha comercial alpujarreña.

El viñedo, hasta la aparición de la filoxera (1.885), fue el primer cultivo arborescente, con superficie tres veces superior a la actual

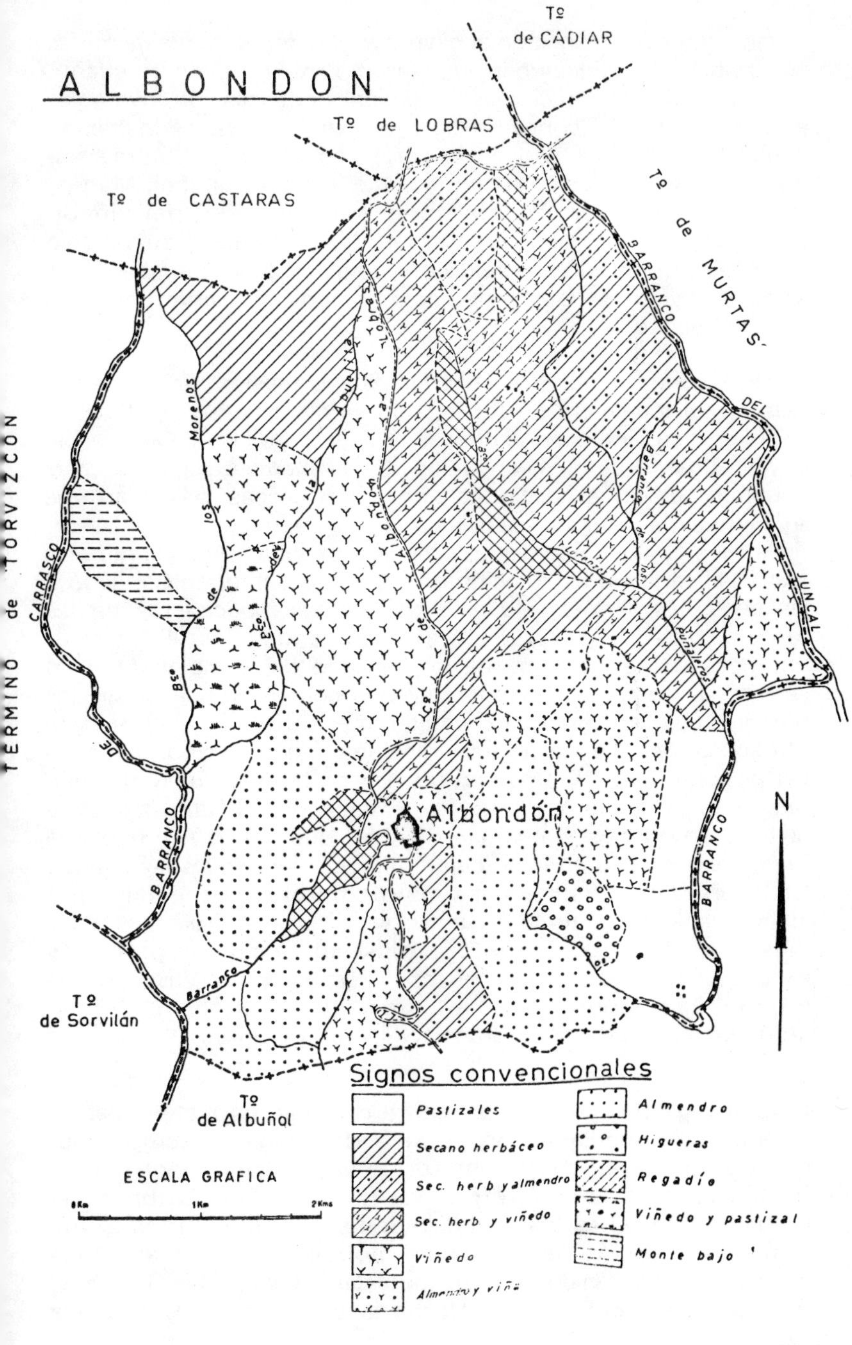

ALBONDON
Tº de CADIAR
Tº de LOBRAS
Tº de CASTARAS
Tº de MURTAS
BARRANCO DEL JUNCAL
TERMINO de TORVIZCON
BARRANCO DE CARRASCO
Albondón
N
Tº de Sorvilán
Tº de Albuñol
Barranco
BARRANCO
ESCALA GRAFICA
0 Km
1 Km
2 Kms
Signos convencionales
Pastizales
Secano herbáceo
Sec. herb y almendro
Sec. herb y viñedo
Viñedo
Almendro
Higueras
Regadío
Viñedo y pastizal
Monte bajo

y frecuentemente asociado al olivo y al almendro. Actualmente se ha estabilizado, cediendo incluso terreno ante el almendro cuando aparece asociado con él y las condiciones edáficas son favorables a este último. Su concentración es extraordinaria, adquiriendo carácter de monocultivo en la parte central de la Contraviesa, donde los municipios de Albondón (1.309 Has.), Albuñol, Murtas, Polopas y Sorvilán cuentan con el 69 por 100 del viñedo alpujarreño (5.833 Has.), producción de unos caldos de variable color, alta graduación alcohólica y característica *"bouquet",* los llamados *"vinos de la costa",* emparentados, en cierta forma con los de Málaga (54).

El regadío, en cambio, alcanza limitada extensión: 2.207 hectáreas. Tradicionalmente, este regadío se disponía en pequeñas y aisladas vegas interiores, situadas a lo largo de las ramblas secas, cuyas aguas subálveas, en unión de las fuentes dispersas en el contacto con las alineaciones serranas calcáceas, sostenían una agricultura de estricto valor local y de mero consumo. Desde fines del siglo XIX, el regadío, avanzando a lo largo de las ramblas e intensificando la explotación de las aguas subterráneas, llegó a las pequeñas llanuras aluviales de las desembocaduras de las ramblas de Albuñol (La Rábita) y Gualchos (Castelldeferro). Entonces, beneficiándose de la suavidad del clima y de unos suelos casi vírgenes y gran fertilidad, comenzaron a surgir los primeros cultivos tempranos mediterráneos, como el pimiento y el tomate, base de un economía mercantilizada de exportación. El perfeccionamiento de las técnicas llevó a la aparición y difusión desde su lugar de nacimiento, la vega de La Rábita, de los cultivos en huertos *"enarenadoa"* (55), que han convertido a la Marina alpujarreña en la comarca más próspera de las Alpujarras. Su producción de hortalizas muy tempranas, especialmente judías, pimientos y tomates, anteriores, al menos, un mes a los más tempranos de Europa, explica sus elevados precios y exportación asegurada a los mercados españoles de Vascongadas y Cataluña y, sobre todo, a los países del Mercado Común Europeo, especialmente a Francia, Alemania y Suiza.

Durante siglos, desde la reconquista cristiana, la piratería berberisca asoló la Alpujarra Baja, todavía defendida y exornada por una compleja red de típicas torres vigías, dominada por la fortalezas de Castelldeferro y La Rábitas (56). Entonces la población se refugió a mitad de ladera, más o menos a una jornada de camino de las playas, donde todavía se alzan las cabeceras tradicionales de los actuales municipios: Gualchos, Polopos, Sorvilán, Albuñol. Hecha la paz, durante la segunda mitad del siglo XIX, la costa alpujarreña, aún carente de las extensas llanuras aluviales de sus vecinas occidental, junto a Motril, y oriental, entre Adra y Almería, comenzo a poblarse y a prosperar económicamente -28.602 habitantes en 1.844, según Madoz (57); 35.468, en 1.860, y 38.957, en 1.887-, aunque pronto la crisis de la filoxera y la emigración consiguiente provocó una estabilización, primero, y regresión, después, que han convertido a la Alpujarra Baja en la región de emigrantes más importante de la Andalucía mediterránea. En 1.900 la población había descendido a 30.489 almas, que en 1.940 eran sólo 30.542 y en 1.960 y 1.970 se limitaban a 27.490 y 22.611 respectivamente. En total, según García Barbancho (58), la emigración ha ascendido en el partido judicial de Albuñol a un total de 25.031 personas (1.900-1.960) y a una tasa de 462 por 1.000 entre 1.900 y 1.930 y de 569,3 por 1.000 en el periodo 1.931-1.969, una de las mayores de España.

Este éxodo está afectando especialmente a los pueblos interiores, en beneficio, a menudo, de sus antiguos anexos litorales, con frecuencia más recientes en el tiempo, como nacidos o, al menos, repoblados durante el siglo XVIII, y que han acabado, a veces, por desplazar a su antigua metrópoli. El caso de Castelldeferro, últimamente elevada a capital del antiguo municipio de Gualchos, es bien significativo; en 1,752, según el Catastro del Marqués de la Ensenada, Gualchos tenía 230 vecinos y Castelldeferro, solo una guarnición temporal, que residía normalmente en Gualchos y Lujar (59); en 1.844, sus respectivas poblaciones eran de 1,113 y 865 almas; en 1.900 poseían 1.682 y 1.109, y, por último, en 1.970, la antigua capital sólo 638 habitantes y Castelledeferro, elevada a esa categoría, 2.025. Parecida situación se ha producido en otros municipios costeros, como Polopos, con 733 habitantes en 1.950 y 430 en 1.970, mientras su lugar de La Mamola contaba con 805 y 829 respectivamente; en Albuñol, en tanto la capital ve disminuir su población en cifras absolutas -3.079, en 1.950, y 2.593 en 1.970-, La Rábita, su anexo costero, ha pasado de 1.413 almas a 1.450, habiendose mantenido después de 1.970 a pesar de la tremenda catástrofe provocada por las inundaciones de los dias 18 y 19 de octubre de 1.973 (60)

En estos cambios hacia los núcleos litorales desempeña un importante papel el turismo, de origen nacional sobre todo, aunque no falta el procedente de Europa Occidental, Alemania Federal especialmente. Sin embargo, sólo ha adquirido cierta relevancia en Castelldeferro, cuyas 220 plazas hoteleras le conceden el segundo lugar en la costa granadina, tras Almuñecar y antes que Motril (61).

Así, pues, la originalidad geográfica de la Alpujarra es bien patente. Región, a la vez, de alta montaña y típicamente marítima, es un característico ejemplo de montaña mediterránea, en la que coinciden unas bases naturales -morfoestructurales y climáticas- peculiares y un complejo y agitado fundamento histórico, muy viejo en una región tan añeja históricamente como el Mediterráneo, al que tal ligado se encuentra humanamente hablando. Ambos factores han permitido plasmar una compleja y peculiar organización social y económica, hoy en transformación tras muchos siglos en que el aislamiento alpujarreño sólo era roto por la emigración de sus hijos, tradicionalmente -como ahora- viajeros y vecinos en un mundo en pleno cambio.

(*) La realización de este estudio, síntesis de una obra más extensa, solo fue posible gracias a la concesión, en 1962, por la Fundación Juan March de una Ayuda a la Investigación en España.

NOTAS

(1) SOLE SABARIS, L.: *"Geografía de España y Portugal"*. I, «El Relieve». Barcelona, Montaner y Simón, 1952, página 418.

(2) *"Tectoniques superposées dans la Sierra Nevada (Cordillères Bétiques, Espagne)"*. C. R. Acad. Sciences, CCCLV, París, 1957, págs. 1324-1326. Vid. también COPPONEX, J.P.: «Observations géologiques sur les Alpujarrides occidentales». *"Bol. Inst. Geol. Minero España"*, LXX, 1958, págs. 1-130.- DURAND-DELGA, M., y FONTBOTE, J.M.: «Le problème de l'âge des nappes alpujarrides d'Andalousie», *"Rev. Geo. Phys. et Geolog. Dynam."*, III, París, 1960, págs. 181-187.- FALLOT, P.; FAURE-MURET, A.: FONTBOTE, J.M.ª y SOLE SABARIS, L.: «Estudios sobre las series de Sierra Nevada y de la llamada Minchungzone», *"Bol. Inst. Geol. Minero España"*, 1961.- MESSERLI, B.: *"Beiträge zur Geomorphologie der Sierra Nevada (Andalusien)"*. Zurich, 1965; ALDAYA, F.- *"La sucesión de etapas tectónicas en el dominio alpujarride"*. Cuad. Geol. Univ. Granada, I, 1970, pp. 159-181.

(3) FALLOT, P., SOLE SABARIS, L., y COLOM, G.: *"Sur le bassin néogene du sud de la Sierra Nevada"*. C. R. Acad. Sciences. CCXXXI, 1950, págs. 1625-1627, y DURAND-DELGA, M., y FONTBOTE, J.M.ª: «Le problème de l'age des nappes alpujarrides d'Andalousie». *"Rev. Geògr. Phys. et Geol. Dyman"*, III, París, 1960, págs. 181-187.

(4) MASACHS ALAVEDRA, V.: «Régimen de los ríos andaluces. Variaciones estacionales». *"Est. Geogr."*, III, 1942, páginas 865-880. Vid. también NIETO SALVATIERRA, M.- *"Estudio hidrológico de la rambla de Albuñol (Granada)"*. Universidad de Granada, 1974.

(5) *"Voyage botanique dans le Midi de l'Espagne pendant Pannée 1837"*. París, 1839-1845. Vid. también RIVAS GODAY, S.: *"Contribución al estudio de la vegetación y la flora de la provincia de Granada"*. Madrid, 1941; MUÑOZ MEDINA, M.: *"Datos para el estudio fitoecológico de Sierra Nevada"*. Universidad de Granada, 1947; RIVAS MARTINEZ, S.- *"Los pisos de la vegetación de Sierra Nevada"*. B.R. Soc. Historia Natural, (B), 59, Madrid, 1961, pp. 55-64, y RIVAS GODAY S. y RIVAS MARTINEZ, S.- *"Vegetació pótencial de la provincia de Granada"*, Trab. Dep. de Botánica y Fisiologia Vegetal, IV, Madrid, 1971, pp. 3-85.

(6) El topónimo es posiblemente prerromano y sin duda no es de origén árabe y debe estar ligado al carácter montañoso de la región. Las denominaciones más antiguas, Buxaira (Crónica de Abenhayan), Albuxarrat (Edrisí) y Buxarra (Ibn Aljatib), deben derivar del latín «pugium», igual que «puig» y «pujar», en su acepción de cosa elevada. Por otra, en su actual topónimo, Alpujarra, se derive o no de esa palabra, se encuentra la raíz «alp», de origen prerromano, muy frecuentes en las regiones montañosas de región alta. Según el catedrático de Gramática General de la Facultad de Letras de la Universidad de Granada doctor Antonio Llorente. Vid. también GOMEZ MORENO, M.: «De la Alpujarra». *"Al andalus"*, XVI, 1951, pág. 21 y sigs.

(7) BOSQUE MAUREL, J.: *"Geografía urbana de Granada".* Departamento de Geografía Aplicada del Instituto Juan Sebastián Elcano. Serie Regional núm. 13, Zaragoza, 1962, y *"Factores geográficos en el desarrollo económico de Andalucía".* Universidad de Granada y Comisaría del Plan Nacional de Desarrollo Económico-Social. Granada, 1967.

(8) BOSQUE MAUREL, J.: *"La evolución de la población en las Alpujarras".* Miscelánea hebraico-musulmana. Granada. (En prensa).

(9) GARCIA Y BELLIDO, A.: *"España y los españoles hace dos mil años, según la Geografía de Strabón".* Madrid, Espasa-Calpe, 1945, pág. 142.

(10) GOMEZ MORENO, M.: «De la Alpujarra». *"Al-Andalus",* XVI, 1951, pág. 21.

(11) LEVI PROVENÇAL, E.: *"Historia de España",* dirigida por R. Menéndez Pidal, IV; *"España musulmana",* Madrid, 1950, págs. 15-20.

(12) «Documentos relativos a la conquista de Granada y su reino». *CODOIN,* VIII, págs. 403-411 y 413-415.

(13) MARMOL, LUIS DEL: *"Historia del rebelión y castigo de los moriscos del Reyno de Granada".* Madrid, Sancha, 1797, y HURTADO DE MENDOZA, D.: *"Guerra de Granada".* Biblioteca Clásica, XLI, Madrid, 1881.

(14) Vid. TORENO, CONDE DE: *"Historia del levantamiento, guerra y revolución de España".* Madrid, 1860, y GOMEZ DE ARTECHE, J.: *"La guerra de la Independencia".* Madrid, 1868-1903.

(15) SIMONET, FR. J.: *"descripción del Reino de Granada".* Granada, 1872.

(16) SIMONET, FR. J.: *"Descripción"...,* págs. 221-223.

(17) *"De la Alpujarra",* págs. 24 y sigs. Sigue a MARMOL, L. DEL: *"Historia del rebelión"...,* I, págs. 256-331.

(18) *"Guerra de Granada",* pág. 22.

(19) HURTADO DE MENDOZA, D.: *"Guerra"...,* pág. 29.

(20) *"Historia del rebelión"...,* págs. 189, 191 y 208.

(21) MARMOL, L. DEL: *"Historia del rebelión"...,* páginas 234 y 263.

(22) ORIOL CATENA, F.: *"La repoblación del Reino de Granada depués de la expulsión de los moriscos".* Granada, 1934.

(23) MARMOL, L. DEL: *"Historia del rebelión"...,* pág. 191.

(24) *"Anales de Granada. Descripción del reino y ciudad de Granada".* Edic. de A. Marín Ocete, Granada, 1934, páginas 184-193. Sobre la repoblación, vid., además de la obra citada de ORIOL CATENA, a NUÑEZ DEL PRADO, M.: *"Relación auténtica de la creación de la renta de población del Reyno de Granada".* Granada, 1753; SEMPERE y GUARINOS, J.: «Memoria sobre la renta de población del reyno de Granada», en *"Biblioteca española económica-política",* IV, Madrid,

1821; GONZALEZ, T.: *"Censo de población de las provincias y partidos de la de Castilla en el siglo XVI"*. Madrid, 1829; CARO BAROJA, J.: *"Los moriscos del Reino de Granada. Ensayo de Historia social"*. Madrid, 1957, y LAPEYRE, H.: *"Géographie de l'Espagne morisque"*. París, SEVPEN, 1959.

(25) ORIOL CATENA, F.: *"Ob. cit."*, apéndice V, páginaas 79-87.

(26) *"Ibídem"*: Apéndice XIV, pág. 119.

(27) «La costa mediterránea andaluza de Málaga a Almería». *"Est. Geograf."*, IV, 1943, pág. 26.

(28 *"Anales de Granada"*, I, pág. 182.

(29) ALARCÓN, PEDRO ANTONIO DE: *"La Alpujarra"*. 12ª edición, Madrid, Victoriano Suárez, 1947, pág. 330.

(30) *"Diccionario geográfico-estadístico-histórico de España y sus posesiones de Ultramar"*. Madrid, 1845, XI, página 637.

(31) ALMAGRO, J.: *"Torrentes y pantanos en Sierra Nevada"*. Madrid, 1932.

(32) BOSQUE MAUREL, J.: *"La evolución"...*; pág. 76.

(33) I, pág. 348; XII, pág. 346, y XV, pág. 207.

(34) NADAL, J.: *"La población española. Siglos XVI a XX"*. Barcelona, Ariel, 1966, págs. 127 a 162.

(35) SECO DE LUCENA, L.: *"Mis Memorias de Granada"*. Granada, 1941.

(36) Datos facilitados amablemente por el Ingeniero Jefe del Servicio correspondiente, don José Cortacán, a quien agradecemos muy sinceramente su colaboración.

(37) BOSQUE MAUREL. J.: *"El cultivo en "huertos enarenados" en la costa mediterránea entre Almería y Málaga (España)"*. Aportación española al XX Congreso Internacional, Madrid, 1964, págs. 219-226.

(38 SORRE, M.: «Nomadisme agricole et transhumance dans Sierra Nevada». *"Annales de Géographie"*, LI, París, 1931, pág. 301.

(39) BOSQUE MAUREL, J.: «Latifundio y minifundio en Andalucía Oriental», en *"Coloquio sobre Geografía Agraria"*. Universidad de Salamanca, 1966, págs. 111-119.

(40) Sobre la situación económica andaluza, vid. CAPELO MARTINEZ, M.: *"Fundamentos del desarrollo económico de Andalucía"*, Madrid, CSIC, 1963; HERMET, G.: *"Le problème meridional de l'Espagne, París,* A. Colin, 1963 (trad. española por Edit. ZYX, 1966); CAZORLA PEREZ, J.: *"Factores de la estructura socio-económica de Andalucía Oriental"*. Granada, Caja de Ahorros, 1965, y BOSQUE MAUREL, J.- *"Factores geográficos en el desarrollo de Andalucía"*, en «Estudio Socioeconómico de Andalucía», III, Madrid, 1971, pp. 219-448.

(41) PINO ARTACHO, JUAN DEL: *"La familia alpujarreña a finales del siglo XIX"*. Publ. Escuela Social de Granada, 1965.

(42) Sobre los aspectos etnológicos y antropológicos de las Alpujarras, vid. BRENAN, G.: *"South from Granada"*. Londre, H. Hamilton, 1957, y LOPEZ MENDEZ, H.: *"España desconocida. La Alpujarra: rincón misterioso"*. Madrid, 1967.

(43) Datos reunidos gracias a la colaboración recibida del Jefe de la Sección de Estadística de la Delegación de Sindicatos de Granada, don Carlos Sánchez.

(44) SERMET, J.: *"Les toits plats du Sud-est de l'Espagne"*. XVI Congres. Intern. Géographie, Lisboa, 1949.
BOSQUE MAUREL, J.- *"Paisaje geográfico y equilibrio ecológico en la Alpujarra (Andalucía)"*. Homenaje al Dr. Luis Solé Sabaris (en prensa).

(45) Vid. BRENAN, G. *"South"...*, págs. 119 y 279, y LOPEZ MENDEZ, H.: *"España desconocida"...*, págs. 67-85 y 91-105.

(46) Vid. SOLE SABARIS, L.: *"Los Pirineos"*. Barcelona, Edit. A. Martín, 1951, págs. 479-549.

(47) La comparación de los hechos recogidos por ALARCON en el siglo pasado, BRENAN antes de 1936 y SPANHI en los años cincuenta es bien expresiva al respecto. Véase ALARCON (págs. 296-322 y 329-332) y BRENAN (páginas 72-83 y 97-105) acerca de Yegen y Ugíjar.

(48) *"Las migraciones interiores españolas. Estudio cuantitativo desde 1900"*. Madrid, Instituto de Desarrollo Económico, 1967, tablas A-1 y A-2.

(49) BOSQUE MAUREL, J.: *"Situación actual y posibilidades futuras de la agricultura de la Alpujarra"*. II Consejo Económico Sindical de «Las Alpujarras», Granada, 1964, pág. 6.

(50) BOSQUE MAUREL, J.: «La producción de mineral de hierro en Sierra Nevada (Granada)». *"Est. Geogr."*, XX, 1959, págs. 148-149.

(51) *"Ob. cit."*, tablas A-1 y A-2.

(52) SIMONET, F.J.: *"Descripción"...*, pág. 221; JORQUERA: *"Anales"...*, pág. 186, y MADOZ: *"Diccionario"...*, VI, página 571, y XI, pág. 634.

(53) IGLESIAS CASADO, A. y LOPEZ MARTOS, J.- *"Ordenación racional de la cuenca hidrográfica de la rambla de Albuñol"*. Suf. Comercial Española, nº 503, julio 1975, pp. 90-95.

(54) GARCIA MANRIQUE, E.- *"El viñedo en la costa alpujarreña"*. Rev. Est. Geográficos, XXXIV, 1973, pp. 501-538.

(55) BOSQUE MAUREL, J.: *"El cultivo"...*, págs. 225-226.

(56) GAMIR SANDOVAL, A.: *"Organización de la defensa de la costa del reino de Granada desde su reconquista hasta finales del siglo XVI"*. Granada, 1945.

(57) *"Diccionario"...*, I, Pág. 348.

(58) *"Ob. cit."*, tablas A-1 y A-2.

(59) ARIAS MUÑOZ, J.- *"Historia de Castell de Ferro"*. Granada, 1957, pp. 41-51.

(60) CAPEL MOLINA, J.- *"Génesis de las inundaciones de octubre de 1973 en el sureste de la Península Ibérica"*. Cuadernos Geográficos de la Universidad de Granada, IV, 1974, pp. 149-166.

(61) VILLEGAS MOLINA, F. *"El turismo en Andalucía Oriental: áreas y consecuencias"*. Rev. Información Comercial Española, nº 507, noviembre 1975, pp. 113-122.

V

Subdesarrollo y despoblación en Andalucía Oriental: las Altiplanicies de Baza y Huéscar

Comunicación presentada a la Conferencia Regional Latino-Americana de la Unión Geográfica Internacional (México 2-8 de Agosto de 1.966)

"Ciertamente, desde hace siglos, no se ignoraba la disparidad de las aptitudes agrícolas según las regiones ni el contraste de las condiciones de vida entre la ciudad y el campo. En la actualidad, sin embargo, las diferencias de renta media y de nivel de vida existentes en el territorio de un mismo estado son mucho más visibles: el fuerte crecimiento económico que Europa Occidental experimenta desde hace dos décadas se manifiesta de una forma muy desigual según las regiones. En algunas de estas, además del retraso de las rentas agrícolas con respecto a las de los demás sectores, hay que añadir las dificultades que tienen algunos centro industriales que han dejado de ser competitivos".

(Yves Lacoste: *Geografía del Subdesarrollo,* pag. 46)

Las altiplanicies interiores son una de las regiones que constituyen Andalucía Oriental (1). Es una unidad geográfica bien definida de 5.288 km. de superficie y menos de 77.000 habitantes en 1.970, en clara regresión. Forman un gran altiplano de una altitud media de mil metros rodeado de un cíngulo orográfico que lo aisla del mar (Cazorla, Castril, Harana, Nevada, Estancias y María); coincide con la cuenca alta del Guadiana, antes de salir al valle del Guadalquivir al que afluye, y padece un clima continental mediterráneo extremado. Son un ámbito exclusivamente agrario, dominado por el secano cerealista y la gran propiedad que implican un nítido subdesarrollo y lo han convertido en un ámbito demográficamente degradado por la emigración. Pese a su clara unidad geográfica, pueden diferenciarse en él dos áreas regionales diferentes, la Meseta y Hoya de Guadix -el Río de Guadix como se ha dicho en ciertos momentos- al Sudoeste, y las altiplanicies de Baza y Huescar, al Nordeste, separadas y definidas por la sierra de Baza, que se interpone entre ambas. En las altiplanicies de Baza y Huescar, objeto de esta Comunicación, las poco favorables condiciones naturales y una evolución histórica complicada y crítica han creado una de las bolsas de subdesarrollo más típicas de España y provocado una intensa despoblación dentro, precisamente, de una de las regiones de más típica depresión socioeconómica de España, Andalucía Oriental. Un cierto desarrollo minero, una relativamente mejor situación y un hasta cierto punto influjo fabril han creado unas condiciones algo diferentes en el Río de Guadix.

UNA LLANURA ELEVADA Y RODEADA DE MONTAÑAS

Las altiplanicies de Baza y Huescar son uno de los eslabones centrales de ese rosario de depresiones que se extiende, en el interior de las Cordilleras Béticas, desde Murcia, cerca del Mediterráneo, hasta Antequera, en el umbral del estrecho de Gibraltar y, más aún, del Valle del Guadalquivir. Forman una depresión relativa de 3.478 km. , con un promedio de treinta kilómetros de anchura de Norte a Sur y una longitud, de Sudoeste a Nordeste, de unos setenta kilómetros, a la que rodea un cinturón de sierras no absolutamente continuo, las de Cazorla (2.105 ms.) y La Sagra (2.381 ms.) al NO., la de Baza (2.058 ms.), al SO. y las de las Estancias (1.458 ms.), María (1.754 ms.) y Topares (1.332), al E. Los llanos que constituyen el fondo de la depresión relativa alcanzan una altura considerable, en torno a los así, Baza, en su borde oeste, se alza a 848 metros, Cullar-Baza, más al este, a 891, Huescar alcanza 953 metros y Puebla de Don Fadrique, en su extremo NE., 1.164 ms. Se trata, por tanto, de una de las altiplanicies más altas de la Península Ibérica.

El contraste morfológico entre el fondo de la depresión relativa, la altiplanicie propiamente dicha, y su orla montañosa es muy acusado. La altiplanicie adopta una disposicion tabular, y está constituida por un conjunto de amplios estratos sensiblemente horizontales poco afectados por los últimos movimientos del plegamiento alpídico. Tales estratos forman un potente depósito detrítico de 400 a 500 metros de espesor en el que se superponen materiales plioceno-villafranquienses de origen primero marítimo y después lacustre, a causa de ligeras ondulaciones postorogénicas que afectaron a los niveles inferiores y medios aislados en la cuenca bastetana de un brazo de mar que se enlazaba con otro mayor ligado al actual Mediterráneo. Estos materiales son, principalmente, conglomerados más o menos rodados en los bordes de la depresión, y margas, arenas y yesos blancos, más o menos azufrosos, en el centro (2).

Alrededor de los poderosos depósitos que rellenan la antigua cubeta marítimo-lacustre hasta el nivel de los 1.000 metros aproximadamente, se encuentra un cinturón de montañas parcialmente empastadas y fosilizadas por esos materiales, en medio de los cuales, a manera de monte-isla, resalta el Jabalcón (3), masa de calizas secundarias de 1.494 ms. rota y separada de las alineaciones principales. Los macizos montañosos periféricos pertenecen a dos tipos muy diferentes; los más elevados y meridionales, como las sierras de Baza y los Filabres, prolongación oriental de Sierra Nevada, se componen de una amplia bóveda de micasquistos (lenar) rodeada por una compleja aureola de calizas y filitas triásicas (calar). Al Norte, las sierras subbéticas de Cazorla Segura, La Sagra y María están formadas por calizas y margas mesozóicas muy replegadas y erosionadas. En el contacto entre los depósitos interiores y las serranías externas, a manera de escalón intermedio, existe un amplio glacis, unas veces de erosión que muerde en las laderas serranas, y otras de acumulación que cubre y fosiliza tanto estas laderas como los materiales sedimentarios internos. Este glacis desciende rápidamente desde 1.300 a 1.100 metros, enlazandose lateralmente con los conglomerados del borde externo de la serie detrítica que colmata la depresión (4).

Originados por los plegamientos alpídicos, tanto los macizos penibéticos como los subbéticos fueron arrasados por la penillanura finipontiense y rejuvenecidos después por los empujes rodánico y posteriores, originandose la actual morfología de la región. En concreto, el rejuvenecimiento rodánico provocó un abombamiento de gran radio de curvatura que afectó a todo el conjunto de las cadenas Béticas y motivó la excavación de una serie de cuencas interiores en los materiales sedimentarios. Entonces, al constituirse la actual red hidrográfica, el Guadiana Menor y sus afluentes, nacidos unos en el mediodía (Baza y los Filabres) y otros en septentrión (Castril, La Sagra), cortaron los depósitos detríticos en unos 350 metros de profundidad, cincelando un prodigioso paisaje de "malas tierras". En el centro de la altiplanicie ha sido despejada una amplia zona, la Hoya de Baza, mientras que aguas abajo aparece un valle más estrecho, lo mismo que aguas arriba, a lo largo de los diversos afluentes, Castril, Guardal, Baza, etc. La altiplanicie superior, apenas erosionada, se prolonga por anchos pasillos hacia la Meseta de Guadix, al oeste, por el pasillo de Gor, o bien, al este, hacia el valle del Almanzora, por el umbral de Vertientes, como también hacia el norte, por el corredor de Pozo Alcón en busca del Guadalquivir (5). En todos los casos, tales pasillos o corredores son utilizados -o lo fueron en el pasado- por las líneas de comunicación que conducen al Valle del Guadalquivir o a la costa mediterránea, entre los que la Altiplanicie de Baza y Huescar forma un área de interrelación.

UNA ALTIPLANICIE RESECA Y DESERTICA

Las altiplanicies son una de las regiones más áridas de España. Su situación en el ángulo sudoriental peninsular, a unos 200 kilómetros del Mediterráneo, dentro de un cinturón origráfico que impide el influjo marítimo, da lugar a que las comarcas centradas por las ciudades de Baza y Huescar formen parte de una de las partes de España de mayor sequedad. Y también más continentales (6).

La altiplanicie puede calcularse que no recibe anualmente más de unos 350 mm. de lluvia, al menos en su parte central. Baza, en un promedio de veinte años, solo ha llegado a una media de 300 litros; Huescar, en diez años a 400. Sin embargo, sus bordes montañosos rebasan los 500 litros y, en algunos puntos, como en el elevado macizo de la Sagra, los mil litros. Estas precipitaciones son, además muy torrenciales, no rebasando en total los cuarenta días de lluvias al año, y sumamente violentas, produciendose en escasas horas de cada día. Asimismo, su régimen es muy irregular, con un verano largo y muy seco, un invierno relativamente escaso en precipitaciones y un máximo pluvial en otoño y, en menor cuantía, en primavera.

La sequedad coincide con una acusada continentalidad. Las temperaturas medias anuales están comprendidas entre los 13° y los 15°, disminuyendo con la altitud, pero la amplitud anual y diurna es muy grande. Por una parte, las temperaturas de agosto son muy altas, por encima de los 25° de media y con frecuentes máximas de más de 40°, origen de una intensa evaporación que abruma a la vegetación y de una frecuente calina que difumina los contornos del relieve. A su vez, los inviernos son fríos, sobre todo por la intensidad de la irradiación favorecida por un cielo sin nubes; enero es el mes más frío, con temperaturas inferiores a los 4°, aunque no es muy diferente febrero, siendo tres o cuatro los meses invernales, por debajo de 6°. Frecuentemente, en las áreas más deprimidas y aisladas tiene lugar una fuerte y bien definida inversión térmica, ya que las masas de aire frío traspasan difícilmente el cíngulo montañoso. Todo contribuye a que el invierno frío y seco no abunde en nieves -dos o tres días como máximo de promedio anual-, pero esté dominado por escarchas y heladas, que duran desde comienzos de noviembre, al menos, hasta principios de mayo.

La combinación altitud, continentalidad y sequedad implica una vegetación característica, muy modificada desde antiguo por la acción antropógena. Actualmente, las altiplanicies de Baza y Huescar están dominadas por la estepa, una estepa en el sentido de un matorral xerofítico degradado por la acción humana que ha visto su intervención favorecida por la intensa sequedad del estío (7). Como señaló Willkomm para la España seca, desde mediados de julio -en nuestra región desde junio- el calor aumenta rápidamente y pronto una atmósfera de fuego que se extiende por las dilatadas llanuras agosta, en todas partes, la vegetación, y así en julio y agosto se convierten en desiertos requemados por el sol, sin verdor alguno, con los arboles de hojas mustias y polvorientas (8). Este matorral -el de una de las ocho estepas que el mismo geógrafo señaló en España- es de escasa envergadura, muy poco espeso, con grandes calveros y está formado por muy pocas especies; según Lautensach (9), sólo cuatro crecen *"sobre las margas yesosas entre Baza y Cullar Baza, en donde brillan los blancos cristales de yeso"*, y todas ellas específicamente xerofitas como la retama, el coscojo, la aliaga y el albardín o esparto, además de algunas labiadas aromáticas, tomillo, romero, espliego y lavanda.

En esta *"garriga"* degradada en *"estepa"* aparecen dispersas especies arbustivas o arbóreas, como la encima o el roble enciniego, que antes ocupaban buena parte de la región y hoy se encuentran en trance de desaparición total. Fernando Colón (10) señalaba la existencia, entre Baza y Gor, de *"valles llanos y montosos de pinos y carrascales"*, además de *"montes de enzinares baxos y atochares y pinares";* más tarde, en el siglo XVIII, el Catastro del Marqués de la Ensenada consigna la existencia de importantes encinares, robledales y carrascales, y así en el Libro de Respuestas Generales de Cúllar Baza se consigna la existencia de cinco dehesas de encinas, las de Zanaca, Colado Bravo y, con tres, Sahuco (11). Posiblemente, hasta las grandes roturaciones realizadas en el siglo pasado, la encina cubriría los bordes de las altiplanicies hasta los 1.500 metros en la solana y hasta los 1.000 en la umbría, y en los macizos montañosos, hasta los 1.800 o los 2.000 metro, aparecería, en la umbría, el roble enciniego, y en la solana diversas especies de pinos, especialmente el pinaster y el carrasco.

En la actualidad, este paisaje forestal, original hasta cierto punto, ya que las repoblaciones han sido frecuentes e importantes, se encuentra solamente en las sierras de Cazorla, Segura y La Sagra, donde los municipios de Huescar, Puebla de Don Fadrique y Castillejar contienen las tres cuartas partes de toda la superficie boscosa regional calculada en unas 15.000 Has. Areas menores se encuentran en las sierras de Baza y de los Filabres, sobre todo en las áreas municipales de Cullar Baza, Baza y Cortes de Baza, con el resto de la masa forestal, en buena parte conseguido con una repoblación de coníferas, muy importante en la sierra de Baza, que todavía tiene grandes posibilidades de ampliación (12). Una parte importante de las 164.000 Has. correspondientes al monte bajo, al erial y a los espartizales podría repoblarse de especies frondosas, todavía poco atendidas, en las áreas más frescas y húmedas, y de coníferas, de tan fácil adaptación a las condiciones del medio de la región, en las más secas y, sobre todo, en las frías. Esta repoblación no debería perder de vista los intereses de la ganadería, tan adaptada a este medio natural y tan importante en el pasado, ni tampoco de los espartizales, que casi siempre ocupan puntos donde la población arbórea es muy aleatoria o prácticamente imposible.

SECANO CEREALISTA Y *"AÑO Y VEZ"*

Las roturaciones realizadas en el siglo pasado, que destruyeron, a veces inutilmente, el paisaje vegeral originario, fueron la base del secano cerealista que es el fundamento actual, pese a sus graves problemas, de la economía de la altiplanicie. Sobre un total de 343.000 Has., significa cerca del 46 por 100 del total y la "tierra calma" cerealista (146.000 Has.) alrededor del 93 por 100 de la extensión cultivada y el 42 por 100 de toda la productiva. Antes de esas roturaciones, la agricultura ocupaba solo las zonas más ricas y fértiles, de suelo profundo y fácil irrigación, que se extendían en el fondo de las *"hoyas"* de Baza y en sus hermanas menores de Huescar, Cullar Baza, Puebla de Don Fadrique y restantes municipios de la región. Desde mediados del siglo XVIII, Baza, por ejemplo, había pasado desde una superficie de regadío de 4.319 Has. y un secano de 8.824 Has., según el Catastro de Ensenada, a cifras calculadas, en 1.850, de 4.244 y 12.743 Has. respectivamente, y a 4.986 Has. de regadío y 18.046 de secano de acuerdo con el Catastro actual. Es decir que, mientras el regadío no ha sufrido en la práctica modificación superficial alguna -otro problema sería si han existido cambios cualitativos- en los últimos doscientos años el secano ha aumentado como mínimo un 100 por 100 (13). Y el caso de Baza ni es el única ni el más significativo; según Cano García, en la por él denominada *"Comarca de Baza"* (Baza, Benamaurel, Caniles, Cortes, Cullar, Freila, Zújar), *"comparando con los almillaramientos del XIX, la zona cultivada casi se ha triplicado en una centuria; el regadío se ha multiplicado por dos, aunque los porcentajes son pequeños y los riegos tradicionales apenas si han cambiado desde la época musulmana...(pero) el secano ha conquistado el 30 por 100 de la superficie total"* (14). En Huescar y Puebla de Don Fadrique, por su parte, según encuestas realizadas a finales de los años cincuenta, el secano se ha cuadruplicado casi, mientras que el regadío apenas ha sufrido cambios. En todo caso, durante varios siglos, la economía regional dependió esencialmente de las Vegas y de su aprovechamiento.

Esta era, sobre todo, la situación en el momento de la Reconquista de Baza (1.489), cuya toma decidió la suerte de su *"hinterland"*. En el Repartimiento de Baza se calculo que la superficie irrigada ascendía a un total de 3.640 Has. mientras que el secano solo comprendía 1.310 Has., confirmando así el aserto del viajero alemán Jerónimo Munzer de que, en el momento de su viaje y en el precedente Reino musulmán, solo se cultivaban las tierras de regadío (15). La llegada de los nuevos pobladores cristianos que vinieron a unirse a los moriscos mantenidos por la Capitulación inició los primeros cambios; precisamente a estos pobladores se debió el repartimiento y la ocupación de la sierra de Baza, otorgado por Carlos V en 1.523 a fin de evitar -dice la petición de la ciudad- los daños que *"muchos lobos e otros animales hacen a los ganados"* (16). Sin embargo, en 1.640, según Henríquez de Jorquera, lo esencial eran sus huertas *"abundantes de pan y vino, riquísima y suavísima miel, la mejor del Reino, buenas pasas y mejores higos... mucho lino y cáñamo, grande cría de ganado y extremados caballeros"* (17).

Las roturaciones iniciadas a raiz de la Reconquista continuaron en los siglos siguientes. El Catastro del Marqués de la Ensenada revela, para mediados del siglo XVIII, un secano próximo a las 70.000 Has. que, de acuerdo a las superficies conocidas de secano hacia 1.500, podrían significar un incremento diez veces mayor. Sin embargo, subsistían importantes zonas laborales sin ocupar, como los llanos altos entre Cúllar-Baza y Chirivel y el campo de Almociles, cerca de la Puebla de Don Fadrique (18). Por ello, en el siglo siguiente, como en toda España, tuvo lugar la gran ampliación de la superficie cultivada, que no cesó durante este siglo e, incluso, persistió al término de la Guerra Civil, *"en que se pusieron en labor numerosos "rompizos" de Baza y en Cullar las roturaciones llegan hasta ahora (la última ha sido el Cota de Aspirillas, de unas 1.400 Has., en la carretera de Oria)"* (19). Sobre todo, la desamortización, al poner en venta bienes eclesiásticos y, sobre todo, comunales antes dedicados a pastizales y a la montería, favoreció la formación de importantes latifundios privados ganados enseguida por el cultivo cereal y, en menor cuantía, por el viñedo y el olivar. No siempre la labranza de los baldíos fue beneficiosa, ya que en muchos casos ni la calidad del suelo ni las condiciones climáticas eran las más adecuadas. Así, tras un cierto momento de fiebre en las roturación, a comienzos del siglo actual, muchos de esos labrantíos, meramente marginales, fueron abandonados convirtiendose en monte bajo y, a menudo, en eriales desertizados y corroidos por la erosión.

Este secano cerealista se encuentra sometido al sistema típicamente meseteño y propio de los paises mediterráneo de *"vez y año"*. Por ello, el barbecho significa normalmente casi el 50 por 100 de las 146.000 Has. de cereal de secano, aunque en muchas partes, las más pobres de suelo y las de menor pluviosidad, el descanso se amplia, existiendo sistemas a tres hojas, con un año de sembradura, otro de *"añazal"*, o de barbecho *"blanco"*, y un tercero de barbecho labrado, e incluso hay casos extremos, pero frecuentes, de tres a cinco años de descanso. Como contrapartida, en secanos de gran calidad en suelo y clima, el cultivo se intensifica y el sistema a tres hojas implica un solo año de barbecho, precedido por dos cosechas seguidas cerealistas, una primera de trigo y otra de cebada o avena. La sequía y, sobre todo, los años secos, que pueden repetirse, dan a la producción una cierta aleatoriedad y motivan rendimientos muy variables aunque en general de bajo promedio anual, entre8 y 10 Qm. por Ha. Asimismo, las fuertes heladas invernales y más aun su posible aparición en primavera implican otro serio inconveniente aunque nunca tan decisivo como la falta de agua. En cambio, la calidad de los granos obtenidos -a pesar de que el empleo de semillas selectas y adaptadas a la región y a sus condiciones naturales no se ha difundido totalmente- es bastante elevada; se trata de trigos duros con un alto porcentaje de gluten, muy solicitados en el mercado. En definitiva, las altiplanicies de Baza y Huescar, con las accitanas y las Tierra de Alhama, son las más importantes comarcas cerealistas de Andalucía Oriental, al menos en los años buenos que, por término medio, lo son uno de cada tres, sin que falten las épocas en que se suceden tres o cuatro años de cosecha mediocre a mala.

SECANO Y GRAN PROPIEDAD

La estructura de este secano es esencialmente latifundista. En 1.930, Pascual Carrión (20) señalaba la existencia de 247 fincas mayores de 250 Has. con una superficie de 152.179 Has., el 43,7 por 100 del total regional. Según las rectificaciones catastrales de los años sesenta, tales fincas se han convertido en 183 con una extensión de 113.965 Has., aproximadamente el 33 por 100 de toda superficie. Y el Censo Agrario de 1.962 estima existen 132 explotaciones de más de 300 Has. que suman 161.788 Has., el 48,7 por 100 de toda la superficie censada. Aunque en todos estos casos la parte ocupada por el monte, el erial o el atochar es importante, no cabe duda que el porcentaje en relación al labrantío es considerable. En lo que se refiere a la comarca de Baza, Cano García afirma que del conjunto de las propiedades mayores de 250 Has. el 70,9 por 100 de esas tierras no están cultivadas, el 27,8 por 100 corresponde al secano y sólo el 1,1 por 100 es de regadío (21). En cuanto a las altiplanicies de Huescar, en Castril algo más del 75 por 100 de las grandes fincas son pastizales y eriales y, en Puebla de Don Fadrique, estos últimos, más el monte alto, rebasan el 80 por 100 de la extensión correspondiente a las fincas superiores a 250 Has.

En algunos municipios el predominio de la gran propiedad y de la gran explotación es abrumador. Así, en Huescar hay 29 fincas de más de 300 Has., cuyas 35.310 Has. representan el 71 por 100 de la extensión productiva; en Castillejar, 6 explotaciones, con 7.161 Has. comprenden más de los dos tercios del municipio, ocurriendo otro tanto en Benamaurel, Cortes de Baza, Castril y Zújar. En este último municipio, una sola finca que tiene 7.985 Has. reune el 40 por 100 de su extensión total. Incluso las áreas más parceladas, como Caniles, Cullar-Baza y Freila, tienen conjuntos de gran explotación que concentran el 10, el 20 y el 25 por 100 de sus superficies respectivas (22. Por otra parte, se trata de un latifundismo privado ya que no prevalece la propiedad pública, salvo en el caso de Zújar donde el Ayuntamiento es el único gran propietario, tras la desaparicón de los otros siete, en Benamaurel, cuya mayor finca es también propiedad municipal, y en los municipios serranos, como Baza, Huescar y La Puebla, en que el Patrimonio Forestal del Estado, actualmente ICONA, poseen la titularidad directa o indirecta de importantes grandes explotaciones. Como contrapartido podría aducirse el caso de Cortes de Baza en que los descendientes del antiguo señor de la villa poseen más de 2.000 Has, y los compradores de los bienes señoriales y sus herederos más de 6.000, con lo que *"entre esas dos familias, nobles y nuevos ricos, concentran 8.344 Has., es decir el 84,2 por 100 de la gran propiedad y el 61,3 por 100 del Término"* (23).

La gran propiedad contrasta con el elevado número de braceros y obreros del campo desprovistos de tierra propia o en aparcería. En total el Censo Agrario de 1.962 registraba unos 11.000 obreros campesinos, de los cuales más de las tres cuartas partes son braceros eventuales que solo tienen trabajo asegurado, en el mejor de los casos, durante unos ocho meses al año. Además, en el momento citado, entre los propietarios, arrendatarios y aparceros, que triplican casi a los braceros, solo una pequeña parte alcanzaba plena independencia económica y un nivel de vida relativamente elevado. Con posterioridad, a pesar de la intensidad de la emigración, que ha diezmado los campesinos menos prósperos, el volumen de braceros seguía siendo muy importante como atestiguan las cifras recogidas por el Censo de 1.970 -10.000 obreros campesinos y 10.125 empresarios agrarios. En definitiva, frente a un escaso número de grandes propietarios, no siempre establecidos en la región, y que controlan la riqueza de las altiplanicies, abundan los pequeños propietarios que cultivan por si mismos la tierra, y los pequeños labradores en aparcería o en arriendo, que casi siempre carecen de la tierra suficiente para emplear sus esfuerzos todo el año. Cuando así sucede, se incorporan a los simples obreros del campo, complicando el panorama laboral. Resulta una situación de subempleo y paro estacional y/o encubierto, que implica rentas por habitante y, en definitiva, niveles de vida de los más bajos de España. Ni el escaso regadío, poco intensivo, ni la industria, limitada a una gran azucarera

(Caniles) y a una serie de pequeñas empresas artesanales muy diversificadas, que carecen de impulso creados, pueden compensar esta peculiar estructura campesina.

EL REGADIO Y SUS POSIBILIDADES

La irrigación que debe ser, como en toda España, muy antigua, casi como la misma ocupación humana, tiene actualmente una importancia limitada. En total, el regadío disperso por toda la región no llega a las 16.500 Has., es decir menos del 12 por 100 de toda la superficie cultivada. Además, no todo este regadío merece tal consideración, ya que, en cierta parte, se trata de tierras regables solamente una parte del año y carentes casi por completo de agua durante el verano, precisamente la estación más seca y de más intensa evaporación.

Las vegas están refugiadas en las profundas hoyas excavadas por el sistema fluvial del guadiana Menor a expensas de la altiplanicie sedimentaria, en la que se encajan. Este es el caso, sobre todo, de la Hoya de Baza que, con su ampliación natural, la de Caniles, abarca una superficie de 6.600 Has., y un similar disposición tienen los regadíos de Cullar Baza, con algo de 1.000 Has. Por su parte, la Vega gemela de Huescar y Puebla de Don Fabrique se extiende casi horizontal a más de mil metros de altura al pie de La Sagra. Aquí, como en los regadíos menores de Benamaurel, Castillejar, Freila y Orce, el contraste entre las áreas irrigadas y los secanos y eriales periféricos es intenso y mucho mayor que, por ejemplo, en las no lejanas Vegas del Genil. La razón reside en que las Altiplanicies están más emparentadas con el Sudeste andaluz subdesértico que con la Andalucía Baja. En general, son a manera de pequeños oasis alargadas en las márgenes de los ríos, en cuyo fondo, defendido por altos escarpes, se consiguen condiciones de clima y suelo más favorables.

Sin embargo, el cultivo no alcanza la intensidad que en otras Vegas. Por lo general, dominan los mismos cultivos de secano -cereales de invierno sobre todo, con algunos olivos y escasas viñas-, a los que acompañan, en aquellas partes provistas de aguas estivales, que no superan los dos tercios del regadío total, algunas plantas industriales, como la remolacha y el tabaco, ciertos forrajes, algún cereal de verano, como el maíz, cada vez más importante, y algunas verduras y hortalizas de consumo local. En algunas vegas, las menos, cuyo emplazamiento las protege de los vientos del norte, como la de Cullar Baza, existe una importante masa de cultivo asociado de cereales de verano e invierno y árboles frutales de excelente calidad, melocctoneros, perales y manzanos. Antiguamente, estas asociaciones, con morales, fuente de una importante sericicultura desaparecida por completo, y vides, productoras de una excelente uva de mesa y un vino de mediana calidad, estaban mucho más extendidas. La difusión del cultivo cereal a fines del siglo XVIII y comienzos del XIX, en que el sensible incremento de la población exigió una mayor producción de granos, la ruina de la morera y el moral, como de la seda, ocurrida poco antes, y la destrucción del viñedo por la filoxera a finales de la última centuria, fueron los factores determinantes de la actual situación.

Este reducido y eventual regadío se encuentra muy dividido. La propiedad en muy pocas ocasiones rebasa el límite de las 10 Has. y se encuentra, además, muy parcelada. Predomina así un claro minifundio, con un promedio regional por propietario de 1,5 Has. y una media de 4-5 parcelas por explotación, aunque no faltan los matices. Mientras que en la Vega de Baza no llega a 1,5 Has. y en Freila no rebasa la hectárea, en Benamaurel es de más de 2,3, lo mismo que en Cortes, y en Huescar oscila entre 1,7 y 2,5 Hectáreas. Y en todos los casos la parcelación es considerable, no bajando nunca de cuatro unidades y llegando frecuentemente a siete (24). Sin embargo, ello no excluye la existencia, sobre todo en las mayores áreas regables, de importantes enclaves, con más de diez hectáreas y que, en algunos casos, rebasan los 50 Has. Estos enclaves de mediana o gran propiedad no impiden el dominio absoluto del minifundio, lo que dificulta la intensificación de los cultivos y la comercialización de sus frutos, provocando un general predominio del simple abastacimiento local o, en el mejor de los casos, comarcal. En tales condiciones, el regadío -a pesar de su más elevado nivel de empleo- no puede absorber el endémico paro regional, limitandose a asegurar la mera subsistendia -alimentación básica y unos escasos ingresos dinerarios- del pequeño labrador. Este a menudo los comparte, como aparcero o mediero al 50 por 100, con el propietario que, por su parte, proporciona la tierra y la mitad al menos de los gastos de explotación.

La limitada significación del regadío no depende únicamente de la poco adecuada estructura de la propiedad y de la explotación. Un factor esencial es el arcaismo y el bajo nivel técnico del sistema de riegos. Fundamental, como se ha visto, es la eventualidad de la irrigación, debido sobre todo a las condiciones hidrológicas regionales y, en definitiva, al clima. Sólo dos tercios de la superficie regada cuenta con agua todo el año, y ello considerando la región en su conjunto. Incluso, existen vegas, como la de Baza, donde la eventualidad únicamente alcanza a la mitad de la superficie regada. Y no faltan los casos en que, como en Zújar, sólo un tercio del regadío tiene agua en verano, o, como en el Campo del Jabalcón o en ciertas partes de la Vega de Huescar que dependen de los sobrantes, inexistentes por lo general, de los riegos preferentes y asegurados. A la aleatoriedad hay que añadir la diversidad de origen del agua, ya que, si bien predomina el riego de pie procedente de los caudales de los diversos ríos, existe un importante porcentaje de agua elevada, con una red de pozos dispersa por toda la región, pero que tiene su mayor participación en la Vega de Baza. Finalmente, aunque de manera arbitraria y nada ordenada, existe el aprovechamiento de las aguas turbias provocadas por las avenidas, pero casi con exclusividad en los secanos y en las zonas de riego eventual, ya que en las vegas propiamente dichas suponen, salvo en las choperas y alamedas, graves riesgos de inundación y arenamiento. El predominio de los riegos de pie, de origen medieval y, en algunos casos, romano implica una red de conducciones (acequias y brazales) muy antiguas, bien trazadas pero esencialmente térreas y al aire libre, lo que determina altas pérdidas de agua por evaporación y filtración que, según Sanchez del Corral (25), pueden significar entre el 30 y el 60 por 100 de toda el agua disponible. En definitiva, toda esta problemática explica no solo la íntima relación entre la propiedad y explotación de la tierra y la propiedad y el uso del agua, sino sobre todo la compleja y minuciosa ordenación del regadío, con una vieja organización basada en el tradicional sistema del "turno y la tanda" común a toda la España mediterránea. Pese a su perfección institucional es evidente la exigencia de una profunda transformación técnica, independientemente de la posible ampliación del actual regadío.

LOS FUTUROS NUEVOS REGADIOS

Las posibilidades de regadío son mayores, sin duda, que los existentes hasta la fecha. Precisamente en esta región se localizan los más importantes proyectos de obras hidráulicas de la provincia de Granada y aún de toda Andalucía Oriental. En conjunto, la Confederación Hidrográfica del Guadalquivir tiene proyectos de construcción de seis presas de muy diferente capacidad de embalse que podrían asegurar el riego de las Vegas tradicionales y añadir hasta un mínimo de 17.200 Has. de nuevos regadíos, duplicando la superficie actual. Aunque se han realizado la mayor parte de los estudios técnicos imprescindibles y ya existen proyectos bastante detallados de algunos de los conjuntos de dichas obras, solo se han iniciado -y recientemente- el pantano de la Bolera, en el río Guadalentín, y la cerrada del Negratín, en el mismo curso del Guadiana Menor, aguas abajo de Baza. La razón de este retraso, existen proyectos parciales desde el siglo XVIII y el complejo total se recoge, en parte, en el Plan Gasset de 1.902, son, además de las financieras, fundamentales, las condiciones geológicas y topográficas de la cuenca del Guadiana Menor, muy poco favorables para la construcción de presas. El predominio de los materiales secundarios y terciarios por donde discurren los ríos plantea serios problemas de cimentación, permeabilidad y aterramiento que retrasan la ejecución de todas estas obras. Sin embargo, de su importancia da idea que, desde el siglo XVI, existen planes de transvase de las aguas sobrantes de los ríos Castril y Guardal a las cuencas levantinas de los ríos Sangonera y Almanzora. Precisamente, la existencia legal de esta obligación de transvase a los riegos mediterráneos constituye un primer impedimento que sería preciso revocar a fin de llevar a buen fin estos proyectos (26).

El Guadiana Menor y su múltiple cabecera es el fundamento físico de los posibles nuevos regadíos de la altiplanicie, como lo es de los actuales. En realidad, constituye la auténtica cabecera del Guadalquivir, o en el peor de los casos su primer gran conjunto afluente (27). En conjunto, aporta mayor caudal que el curso conocido hoy con el nombre de Alto Guadalquivir y tiene, además, una cuenca mucho mayor aunque más afectada por la sequía y por la irregularidad de su régimen. Esencialmente, cuenta con una poderosa baza hídrica, la correspodiente a los cursos de agua nacidos en las altas cumbres -muy lluviosas y de copiosas nieves- de las sierras del Pozo y de Castril, donde nacen los ríos Guadalentín y Castril, de La Sagra, origen del Guardal, y de María, nacimiento del río de Huescar. Todos estos ríos, tras un curso norte-sur, se unen para formar el río Barbata o de Baza que atraviesa la gran Hoya de este nombre, describiendo después una pronunciada curva en torno a la sierra de Jabalcón antes de unirse al río de Guadix, confluencia en donde comienza a denominarse Guadiana Menor. Por el mediodía, las sierras de los Filabres y Baza emiten una serie numerosa de pequeños y torrenciales cursos de agua, verdaderas ramblas, entre los que se destacan los de Cúllar, Gállego y Baul.

Sobre esta base física surgió, desde la Protohistoria, la actual red de riegos terminada prácticamente en plena Edad Media y que, en sus líneas fundamentales, fue transmitida por el Reino musulmán de Granada a los conquistadores cristianos que la han conservado casi intacta hasta el momento actual. No obstante, desde muy antiguo han sido numerosos los intentos de ampliación, destacandose el proyecto conocido por el canal de Carlos III, iniciado en pleno siglo XVI con la finalidad de proporcionar agua a los campos de Lorca, Cartagena y Murcia. Abandonado el proyecto entonces, se revivió durante el reinado de Felipe III, después de la guerra de Sucesión en 1.718, y, sobre todo, durante el reinado de Fernando VI, pero ya como parte de la gran empresa de constituir una poderosa flota naval. Con tal motivo, se proyectó la construcción de un canal que permitiese transportar la madera de las sierras de Cazorla y Segura hasta el Arsenal Real de Cartagena, constituyendose con tal motivo la Compañía del Canal de Murcia. Iniciadas las obras en 1.771 y, tras numerosas dilaciones e interrupciones, se disolvió la compania en 1.785 y, finalmente, se abandonaron las obras, que todavía pueden reconocerse en parte cerca de Huescar. Otro proyecto posterior, parcialmente realizado y vigente, fue la concesión hecha en 1.875 al ingeniero Iturralde de la construcción y explotación de un canal derivado del río Guadalentín para regar 8.800 Has. en los municipios de Pozo Alcón (Jaén) y Zújar (Granada). Aunque desde comienzos de siglo pudieron iniciarse los riegos en un área muy inferior a la programada, en 1.914, en que tuvo la quiebra de la sociedad, las obras no se habían concluido, estando inconclusas en el momento en que fueron incorporadas a los planes estatales del pantano de la Bolera (1.954), como una parte del Plan Jaén (28).

En su conjunto, el sistema de regadíos de las altiplanicies estuvieron incluidos, con ciertas diferencias, en el Plan Provisional de Obras Hidráulicas aprobado por Real Decreto de 24-4-1.902 y más conocido por el Plan Gasset y en el Plan Nacional de Obras Hidráulica de 1.933 patrocinado por Manuel Lorenzo Pardo (29), haciendose incorporado últimamente a los proyectos de la Confederación Hidrográfica del Guadalquivir. Estos proyectos se localizan, sobre todo, en la vertiente derecha del Guadiana Menor, la de mayores posibilidades hidráulicas. En ella, cada uno de sus cuatro ríos principales son la base de un sistema hidráulico capaz de riego y energía eléctrica. El más importante, y el único cuyas obras se encuentran bastante avanzadas, por estar en íntima relación con el Plan Jaén, es el del Guadalentín o de La Bolera; con una capacidad de embalse de 40 millones de M3., incrementará los actuales riegos eventuales del canal de Iturralde hasta un total de 6.000 nuevas hectáreas, en su mayor parte pertenecientes al pago de Cuevas del Campo (Zújar). El embalse del Portillo, en el río Castril, podría beneficiar con sus 16,5 millones de M3. otras 6.000 Has. ubicadas en el área de Cortes de Baza, Baza y Benamaurel. Este pantano se encuentra íntimamente ligado a otros dos proyectados en los ríos Guardal y Barbatas; en el primero se levantará el embalse de San Clemente, con 40 millones de metros cúbicos, que mejorará y ampliará la Vega de Huescar, mientras que en el segundo, el pequeño pantano del Rincón del Obispo (10 millones M3.), beneficiaría dicha Vega y aseguraría los riegos de Galera y Orce.

En la margen izquierda del Guadiana Menor sólo cabe señalar el plan de ampliación de los regadíos actuales de la Hoya de Baza mediante la construcción del embalse de Bodurria (8 millones M3), en el río Gallego, aguas arriba de Caniles, que daría lugar a 1.200 nuevas hectáreas, además de asegurar riegos hoy eventuales, y el todavía menor pantano de Cañepla (4 millones M3), en el arroyo de sus nombre, que atendería y ampliaría riegos de los llanos de Huescar.

Todo el sistema se complementa con el más importante embalse de la región, el del Negratín, en el mismo curso del Guadiana Menor, aguas abajo de Baza y poco antes de la confluencia con el río de Guadix. Su volumen de agua embalsada se calcula en 375 millones de M3., con un desagüe anual de 205 millones. Una presa de gravedad de 60 metros de altura y una longitud de coronación de 400 metros, con aliviadero-vertedero, asegura el embalse, que es uno de los mayores de Andalucía, tras los de Iznájar y el Tranco. Su principal finalidad es la regularización general del Gualdalquivir y el riego de unas 30.000 Has. en las campiñas del Guadalquivir, aunque se prevee la elevación de una parte de esas aguas para regar unas 5.000 Has. al este del Jabalcón, en la Hoya de Baza (30).

La ampliación de los regadíos puede ser fundamental en las Altiplanicies. Pero no debe olvidarse su íntima relación con las áreas montañosas septentrionales donde tienen su nacimiento los ríos base de esa política hicráulica. En ellos deberá llevarse a cabo una labor complementaria pero esencial, basada en la repoblación y ordenación de su importantísima riqueza forestal y que tan importante papel puede desempeñar en la regularización del régimen pluvial, ahora tan irregular, y en la lucha contra la erosión, activísima y muy peligrosa para el futuro de los embalse. Por otra parte, habrá que mantener una conexión íntima con la ganadería, antes muy florecientes y hoy en plena decadencia. Así, la repoblación forestal deberá no basarse exclusivamente -como señalábamos antes- en la extensión de las tradicionales coníferas sino también en la mejora de las esclerófilas -encinas y robles quejigos- propias del país y en la introducción y expansión de frondosa, aborígenes o no, aclimatables a las condiciones naturales de la serranía y de su piedemonte. Y también deberá ser esencial la ordenación y extensión de los pastizales, incluso mediante una política tendente al ensayo y creación de semillas nuevas para pastos y forrajes que se adapten bien al país. De tal forma, a los actuales modos de vida forestales podrán incorporarse con el tiempo actividades ganaderas complementarias, que pueden tener su base en el ganado lanar actual, con algunas razas excelentes entre las que se destaca la segureña, de magníficas condiciones carniceras y lana entrefina muy apreciada. Entonces, quizás, podrían renovarse industrias tradicionales en decadencia como los tejidos y surgir otras nuevas, como mataderos y similares (31).

UNA LARGA Y COMPLEJA EVOLUCIÓN HISTORICA

Las altiplanicies de Baza y Huescar, como en general toda Andalucía y, en especial, Andalucía Oriental, constituyen una región casi exclusivamente agraria, cuyas peculiaridades actuales son fruto de una larga y compleja evolución humana, en la que una de sus constantes esenciales es una alternancia de altibajos socioeconómicos, propios de la región aunque no exclusivos de ella, ya que se encuentran conectados con la historia del Reino de Granada y, en definitiva, de la Alta Andalucía.

La entrada de las altiplanicies en la Historia se inició con las primeras colonizaciones que han dejado claras huellas arqueológicas en Galera. Su caracter de zona de contacto y enlace entre regiones tan dispares como el Mediterráneo y la Andalucía del Guadalquivir, la existencia en áreas muy inmediatas de importantes yacimientos mineros, entre los que se destacaron los de Cástulo, justifican tan temprana iniciación (32). Después, con Roma, nació la primera ciudad merecedora de este título, la vieja Basti (33), que desde entonces ha centrado y dirigido la vida regional, en competencia a veces victoriosa con otras ciudades situadas en el mismo surco intrabético como Eliberri (Granada) o Acci (Guadix) (34). Más tarde, durante la dominación musulmana, desempeñó siempre un papel trascendental, especialmente desde que se formó el Reino de Granada, en el que Baza fue una poderosa plaza fuerte. Primero, frente al castellano Adelantamiento de Cazorla, que controlaba la salida por el Guadiana Menor -pasillo de Pozo Alcón-, lo mismo que Baza y su avanzada de fortalezas -Tíscar, Castril y Zújar- vigilaban su entrada desde el Reino granadino. Después, tal función se afirmó y amplió, cuando en el siglo XV, la reconquista de Huescar, al N. de la región, y de los Velez, a su NE., convirtió a la antigua Basti en el último gran campo fortificado de la frontera nordoriental del Reino nasrí.

Sitiada, al fin, por los Reyes Católicos, fue la ciudad que más resistió a los cristianos, siendo entregada por capitulación, y con ella buena parte de las tierras colindantes, en 1.489, después de un asedio de siete meses que culminaría con la conversión de su caudillo el principe Cid Hiaya y sus familiares, origen de la estirpe de los Granada-Venegas (35).

Terminada la guerra con la rendición de la ciudad de Granada, una parte de la región fue repartida entre diversos seguidores castellanos de los Reyes Católicos. De esta forma, se convertiría en una de las más típicas áreas de organización señorial de toda Andalucía. Ya durante las campañas de Fernando III el Santo, tras su conquista hacia 1.231, todo el macizo montañoso de La Sagra al N. de Huescar quedó bajo la jurisdicción de la Orden de Santiago que, incluso, entre 1.248 y 1.323, dominaron las plazas de Galera, Orce y Huescar. Recuperadas en ese último año dichas fortalezas, formaron parte, aunque dentro de continuas alternativas bélicas -recuerdese el famoso asalto de Huéscar por D. Rodrigo Manrique, Comedador de la Orden de Santiago-, del Reino musulmán granadino hasta 1.488 en que, tras la toma de Vera, se entregaron como *"mudéjares"* las villas de Benamaurel, Castillejar, Galera y Orce y algún poco tiempo después, tras un asedio breve dirigido por el mismo Fernando el Católico, capituló Huescar y su tierra. El año siguiente, en 1.489, fueron conquistadas, tras duras luchas, primero Zújar, Freila y Caniles, cuyas poblaciones fueron obligadas a abandonarlas, y, finalmente, al capitular Baza, lo hicieron también pero como *"mudejares"* que conservaron sus bienes y costumbres, Cúllar y Cortes de Baza (36). Entonces, Huescar fue dada en señorío a D. Luis de Beaumont, conde de Lerín y condestable de Navarra, aunque no tardó en pasar a la casa de Alba, cuyo segundo duque, D. Fadrique Alvarez de Toledo, fundó poco después La Puebla de Don Fadrique, y que también tuvo el señorío de benamaurel y Castillejar. Asimismo, D. Enrique Enríquez, tío del rey católico y de la familia de los Almirantes de Castilla, alcanzó, junto con otras muchas propiedades, el dominio de Galera, Orce y Cortes de Baza, mientras que D. Hernando de Zafra, secretario de cámara de los Reyes Católicos y negociador de la capitulación de Granada, recibió por juro de heredad la villa de Castril.

No toda la región, sin embargo, entró en esa consideración. Otras poblaciones, y muy concretamente Baza, fueron sometidas a un Repartimiento en el que, aun conservando una parte de sus habitantes musulmanes la propiedad de sus bienes, se distribuyó entre nuevos pobladores cristianos una gran parte de las tierras conquistadas. En general, a estos nuevos pobladores la entrega de tierras se hizo de acuerdo con reglas muy corrientes desde al menos el siglo XIII, y según las cuales los caballeros recibieron como mínimo una superficie doble que los peones, aparte las mercedes especiales concedidas a determinados nobles. Así, en Baza, D. Enrique Enríquez, alcaide de la ciudad, recibió 1.334 fanegas de labor, 20 aranzadas de viña y dos de huertas; a otros "caballeros principales", en un total de 155, se les repartieron 1.882 fanegas, 22 aranzadas de viña y cerca de 300 de huerta; por el contrario, a 97 escuderos solo se les entregó una caballería a cada uno -20 aranzadas y ocho celemines de labor, una aranzada de viña y 170 estadales de huerta-, y a 324 peones una peonía, constituida por 10 fanegas y cuatro celemines de labor, media aranzada de viña y 120 estadales de huerta. Es decir, el 77 por 100 de los vecinos solo tuvo alrededor de una tercera parte de las tierras repartidas y una sola, perteneciente a una de las familias aristocráticas más importantes de Castilla, dominó más del 10 por 100 del total. Aparte, las iglesias, conventos, una capellanía y una cofradía de la ciudad consiguieron 985 fanegas y 8 celemines de labor, 2.880 estadales de huerta, 47 casas, 2 hornos y 18 tiendas, y los propios del Concejo, 1.123 fanegas de secano, 243 casas y 85 tiendas, además de ciertos tributos sobre los moriscos de Zújar y Caniles (37).

Aunque la Reconquista pudo significar un cambio profundo en las relaciones de propiedad, creando un sistema señorial de gran propiedad que persistió en su conjunto hasta comienzos del siglo XIX, las formas de explotación no debieron sufrir transformaciones importantes. La población de origen musulmán, "moriscos" después de 1.501, dominaba por todas partes, salvo quizás en la misma Baza y en algunas áreas de más temprana ocupación cristiana como Huéscar. Y esta población no sólo conservó en ciertos lugares, como Caniles y Cúllar, si situación anterior a la conquista como propietarios y labradores, sino que en los pueblos de señorío siguió siendo la encargada de la explotación del suelo según sistemas más o menos complejos de tipo censal, y en las mismas áreas de repoblación tuvo a su cargo, en buena parte, el cultivo y la explotación de la tierra. Así, como ha señalado Ladero Quesada, los moriscos *"conservaron sus formas de explotación agraria y artesana... y aquello fue un factor más que contribuyó a mantener su aspecto de comunidad cultural diferente"* (38). Si estas diferencias contribuyeron a su trágico final, es obvio que favoreció sus relaciones siempre positivas con sus señores jurisdiccionales y territoriales para quienes fueron siempre no solo unos buenos vasallos sino, más aún, unos magníficos colonos. De aquí, por ejemplo, la defensa que de ellos hicieron los Enríquez poco antes de que la rebelión de los *"monfíes"* plantease su expulsión del Reino de Granada y, en concreto, de Baza y su región (39). En todo caso, si la Reconquista no implicó cambios importantes, al menos en el conjunto del sistema productivo, la guerra de los *"moriscos"* (1.568-1.570), con acontecimientos como el sitio y toma de Galera, cuyos habitantes fueron pasados a cuchillo, por el mismo D. Juan de Austria, diezmó la población, asoló sus mejores tierras y preparó profundas transformaciones en la economía agraria regional.

La ruina demográfica, indudable por otra parte, es muy difícil de cuantificar. A raíz de la reconquista, Baza no tendría menos de 10.000 habitantes, aunque cuando el asedio por los Reyes Católicos se habló de 30.000, y que a finales del siglo XVI oscilaban en torno a 8.000, a pesar de que esta ciudad por haber sido repoblada en 1.490 por cristianos poseía una escasa población morisca, única que fue expulsada. Por su parte, Huéscar que, a comienzos del 1500, contaba con unos dos mil vecinos, alrededor de 9.000 almas, a finales del mismo siglo la habitaban ochocientos vecinos, unos 3.500 habitantes. En los restantes lugares de la región las pérdidas aun fueron mayores por su numerosa población musulmana; a comienzos de siglo, por ejemplo, en Zújar había 500 vecinos moriscos y sólo 39 cristianos viejos, en Cúllar, 100, todos moriscos, como los 80 de Castillejar y los 30 de Freila. En fin, en 1.591, la población que podía estimarse para la región llegaba dificilmente a unos 5.000 vecinos, es decir entre 20.000 y 23.000 almas. lo que significaba una cifra inferior a la existente antes de la rebelión, que podría calcularse entre 26.000 y 30.000 habitantes (40). De la siguiente centuria apenas se sabe nada. Las no muy fiables cifras recogidas por Henríquez de Jorquera (41) parecen expresar una situación aún más crítica y dificil, con una demografía inferior a la de 1591: 3.200 vecinos y 14.000 habitantes. En 1640, Baza, concretamente, tenía unos 289 vecinos menos que en 1591 y Caniles había perdido 142 (42).

Las causas de la crisis fueron varias aunque en íntima relación. La guerra de los moriscos diezmó la población musulmana y fue muy severa incluso con los cristianos viejos, aunque no se llegó siempre al caso extremo de Galera donde no hubo nadie al que *"no lo pasasen a cuchillo"* (43). Pero, aun fue peor la expulsión decidida por el Rey Felipe II, que provocó la salida de una importante masa de población que, a pesar de la carencia de datos fidedignos, podría estimarse, al menos en unas doce mil personas y que la repoblación realizada en los años siguientes solo consiguió cubrir, y con muchas dificultadas, en un 50 por 100 (44). Así, en Zújar, los 500 vecinos moriscos fueron sustituidos por solo 250 repobladores, en Cúllar hubo 148 nuevos vecinos en lugar de los 250 existentes antes de la rebelión. E, incluso, en muchos sentidos, esta repoblación tuvo muchos problemas e inconvenientes, con abandono de numerosos de los nuevos habitantes (44).

Por otra parte, la repoblación de Felipe II apenas modificó la estructura agraria de la región y, por tanto, su ordenación económica se mantuvo inalterable. A diferencia de otras regiones del Reino de Granada que, como la Alpujarra, se vieron seriamente afectadas por las específica ordenación rural que la repoblación llevó consigo, el predominio señorial existente en las Altiplanicies y los Repartimientos del siglo XV mantuvieron una organización de la propiedad no solo feudal sino, sobre todo, latifundista, ya que, en el mejor de los casos, sólo algunos municipios de la Vega bastetana, como Zújar, Caniles y Benamaurel pudieron tener una evolución que recordase a la alpujarreña. Por ello, el Catastro del Marqués de la Ensenada (1.752) tiene similares caracteres agrarios a los existentes en los siglos anteriores. Por una parte, Huescar, Castril, Galera, Orce, Cortes de Baza y Castillejar seguían siendo lugares de señorío, como lo fueron hasta el siguiente siglo. Por otra, la gran propiedad, tanto eclesiástica como secular seguía siendo factor decisivo en la estructura agraria de los pueblos de realengo; en Baza, concretamente, sobre un total de 544 propietarios seculares, cuarenta, que poseían un mínimo de 100 Has. controlaban alrededor del 40 por 100 del total, muchos de los cuales no residían en la región; en Benamaurel, por su parte, había 19 propietarios eclesiásticos, que controlaban el 37 por 100 del rergadío, aunque el Monasterio de los Jerónimos de Baza reunía casi la mitad. Aparte, había un importante porcentaje de comunales, ya que alrededor de la cuarta parte de los secanos existentes en Baza y los municipios aledaños lo eran de aprovechamiento vecinal. En la siguiente centuria, la desamortización, que afectó tanto a los bienes de la Iglesia como a los comunales, facilitó el reforzamiento de la gran propiedad, mientras que la abolición de los señoríos jurisdiccionales en 1.820 supuso la caducidad de diversos derechos pero nunca la pérdida de la propiedad, que se mantuvo -y en cierta forma aún se mantiene- después de esa fecha (45).

Sin embargo, a lo largo del siglo XVIII primero y, más tarde, en la centuria siguiente, sobre todo después de la desamortización, se fue llevando a cabo una política creciente de roturaciones y de puesta en cultivo de tierras incultas, que, junto con la intensificación del regadío iniciada a finales del siglo XIX, produjo una reacción positiva tanto en la producción como en el desarrollo demográfico. A mediados del siglo XVIII, en 1.752, el Catastro del Marqués de la Ensenada señala un claro progreso, con un total de 28.538 almas, respecto a finales del siglo XVI, y unos valores próximos, en cierta forma, a los años de prosperidad anteriores a la rebelión morisca. Y la línea de incremento se continuó, con los normales altibajos provocados sobre todo por la gran crisis sociopolítica de comienzos del XIX, a lo largo de esta centuria. Madoz (46) señala para 1.844 una población de 44.280 almas que, en 1.860, al realizarse el segundo censo oficial, ascendía a 55.877 y a principios del siglo actual, en 1.900, se había convertido en 67.239 habitantes. El incremento afectó de manera muy generalizada a todos los municipios de la región, que alcanzó entre 1.844 y 1.900 un tasa del 51 por 100, con un máximo del 111 por 100 en Castillejar. Por su parte, Huescar, la segunda ciudad regional, creció un 45 por 100, pasando de 5.509 en 1.844 a 8.007 en 1.900, y Baza un 22 por 100, con 10.433 en 1.844 y 12.770 en 1.900. Las transformaciones agrarias producidas a finales del siglo XIX y comienzos del XX -grandes roturaciones, introducción de la remolacha- aceleraron el proceso hasta cierto punto; hasta 1.950, momento en que las Altiplanicies alcanzaron su cenit demográfico, la población aumentó en un 70 por 100, al pasar de 67.239 en 1.900 a 104.453 habitantes en 1.950. Y otro tanto ocurrió con sus diferentes municipios: Baza consiguió su máxima población hasta el momento en 1.950 con 23.450 almas, lo mismo que Huescar, con 12.390, Cúllar Baza, 9.502, y Zújar, 8.991, sucediendo otro tanto con el resto de la comarca.

CRISIS, EMIGRACION Y DESPOBLACIÓN

Si, en 1.950, las Altiplanicies alcanzaron su máximo demográfico, su presente no parece realmente muy positivo. La crisis poblacional que se ha producido desde entondes constituye, sin duda, un efecto pero también una causa. En los veinticinco años trancurridos entre el Censo de 1.950 y el Padrón de 1.975, el número de habitantes ha descendido desde 104.453 en el primer año a 76.481 en el último, con un retroceso absoluto del 26 por 100, que no tiene en cuenta el crecimiento vegetativo que, en la región, ha sido y, en cierto modo, sigue siendo muy elevado. Durante los últimos años, a partir de 1.960, en tanto que la mortalidad no ha llegado, como promedio, al 10 por 1.000, el índice de natalidad, aunque inferior al de las décadas anteriores a 1.960, se ha mantenido por encima del 20 por 1.000. Es decir que, desde 1.950, y como mínimo, se han incorporado anualmente a la vida regional, y sólo por razones biológicas, unas míl nuevas personas. Todo ello implica que, en ese periodo, sumando la diferencia absoluta de población y el incremento vegetativo no incorporado, unas 52.000 personas de las Altiplanicies han buscado en la emigración una solución a sus problemas vitales.

El éxodo, exclusivamente rural, como es lógico dado el absoluto dominio de las actividades agrarias y el elevado porcentaje de trabajadores del campo afectados por largos periodos de paro estacional, ha dejado amplias comarcas, como la sierra de Baza o el piedemonte de La Sagra, prácticamente despobladas y, en el mejor de los casos, reducidas a los niños y a los viejos, mientras que una buena parte de las personas en edad laboral han salido de la región. Considerando los diversos municipios regionales, los menores y con mayor ruralidad han tenido las mayores regresiones; así, Freila -3.181 habitantes en 1.950 y 1.454 en 1.975- ha perdido, en cifras absolutas, el 54 por 100 de su población inicial, Puebla de Don Fadrique -8.058 y 4.236 habitantes- el 45 por 100, Benamaurel -4.958 y 3.176- el 38 por 100, y Cortes de Baza -5.140 y 3.586- el 30 por 100. Pero, de igual manera, los pequeños núcleos urbanos presentan una neta, aunque algo menor, disminución: Baza, que sumaba 23.450 personas en 1.950, tenía 20.113 en 1.975, un 15 por 100 menos, y Huescar ha pasado de 12.390 a 10.097, con un retroceso del 18 por 100.

En esencia, la emigración tiene un ámbito nacional. En el trienio 1.971-1.973, antes de la crisis internacional y de la recesión migratoria, sobre un promedio de unos mil emigrante anuales que salían de la comarca, según estimaciones propias (47), unos seiscientos emigraban a otras regiones españolas, dirigiendose el resto al extranjero. Antes de 1960, la masa absorbida por el resto de España aún era mayor, y después de la crisis de 1.973 el cierre relativo de las posibilidades de trabajo en la España "rica" y en Europa Occidental ha reducido las cifras absolutas de emigrantes pero también ha limitado el volumen de la emigración al exterior. Dentro de España, el emigrante de las Altiplanicies tiene como principal destino Cataluña que absorbe las cuatro quintas partes de los que buscan trabajo fuera de su región. En Cataluña es Barcelona y, más concretamente, la región fabril barcelonesa en torno a la Ciudad Condal la que atrae a la mayor parte de los bastetanos emigrantes. En esa región es normal la existencia de lugares concretos de máxima atracción, motivando que Badalona y Hospitalet sean imanes muy poderosos respecto a Baza y su área inmediata, mientras que Canet es un segundo Huescar y Bagá se ha convertido en un complemento de Puebla de Don Fadrique. Después de la región catalana, y como ocurre en el resto de la provincia (48), Madrid y su cinturón industrial, Vizcaya,

Valencia y, últimamente, Mallorca y Alicante son los puntos de destino más importantes de los emigrantes interiores de la región. Por ejemplo, Ibi, el gran centro alicantino de la juguetería, contaba a comienzos de los Años setenta con unos 1.000 inmigrados granadinos, la mayoría procedentes de Cullar Baza (49).

Además de estos cambios prácticamente definitivos de residencia, todavía subsisten, aunque en franca decadencia, movimientos temporales y estacionales. El calendario agrario propio de las Altiplanicies, con su alternancia de estaciones plenas de actividad rural y estaciones "muertas", en la práctica faltas de trabajo, ha facilitado desde antiguo tal movilidad. Otro factor favorable ha sido el importante proletariado rural existente en la región, así como el elevado número de pequeños y medianos propietarios que precisan de complememtar su actividad principal sin abandonarla del todo. El predominio del secano cerealista existente, al menos, desde el siglo XVIII, ha hecho que tradicionalmente la siega de los cereales invernales haya constituido una razón pero también una época de gran movilidad. A pesar de su retroceso último, las cuadrillas de segadores bastetanos y oscenses acuden, y sobre todo acudían hasta los años sesenta, en mayo a los campos murcianos y, en ocasiones, a la Campiña cordobesa, volviendo después a los Montes granadinos en junio, para terminar recogiendo sus propias cosechas en julio y agosto. La recogida de la aceituna, con su fuerte demanda de mano de obra invernal en las comarcas limítrofes de Jaén, constituía otro momento de migraciones estacionales bastante importantes aunque no tanto como la siega. Finalmente, durante la primavera, tenía lugar una corriente demográfica de mucha menor importancia para la región hacia la costa granadina de Motril y Almuñecar, con motivo de la *"zafra"* de la caña de azúcar. Finalmente, la vendimia en la Mancha, así como la recolección de los agrios en Levante y ciertas hortalizas en toda la costa mediterránea han sido otros motivos, aunque menos significativos, de emigración (50). La recolección del tomate constituye quizás la última razón de alguna importancia de salida de fuertes contingentes bastetanos, con predominio familiar, especialmente a la comarca almeriense del Bajo Almanzora, a Pulpí (51).

La emigración temporal es, asimismo, una de las bases de los movimientos de población al extranjero, concretamente a Francia. Incluso, en número, los *"temporeros"* que van a Europa Occidental rebasan ahora a los que se mueven dentro de nuestras fronteras. En el Midi francés, su muy desarrollada agricultura comercial exige importantes volúmenes de mano de obra durante breves periodos de uno ó dos meses como máximo, pero que pueden ir solapandose y continuandose unos con otros de acuerdo con las exigencias concretas de cada cultivo. Las exigencias máximas corresponden a la vendimia (septiembre-octubre), siembra-escarda (enero-febrero) y recolección (septiembre-octubre) de la remolacha azucarera, siega del arroz (agosto-septiembre) y recogida de las judías y otros frutos similares (mayo-junio-julio). En conjunto, puede hablarse de una gran temporada de llegada sucesiva de "temporeros" o emigrantes estacionales desde finales de marzo hasta últimos de octubre en que regresan la mayoría de los emigrantes. Entre los españoles que acuden al Sur de Francia predominan, sobre todo, los andaluces y, entre ellos, los originarios de las provincias de Jaén y Granada, siendo mayoría entre los granadinos los procedentes de las Altiplanicies y, en especial los de Caniles y Baza (52).

El caso de Caniles es muy significativo por su dependencia de la única gran fábrica azucarera de la región, que exige durante una concreta temporada de molienda un volumen mínimo de 500 operarios sin tener en cuenta los ocupados en las faenas de cava, saca y recogida de la remolacha. En cambio, durante el resto del año las necesidades de mano de obra son mínimas y sólo exigen una parte pequeña del censo municipal. Por ello, Caniles es el término con menor emigración definitiva pero el que tiene mayor número de *"temporeros"* trabajando en Francia, precisamente fuera de la estación remolachera. Así, ha surgido, incluso, una línea directa de autobuses entre Caniles y Aquitania, y este núcleo de población se ha convertido en un mercado regional de contratación y envío de *"temporeros"* no solo de las Altiplanicies sino también de otras regiones granadinas y de la próxima Jaén (53). Todo ello puede explicar la relativa estabilidad demográfica de Caniles, sobre todo si se compara con el conjunto de la región y con el resto de los municipios: 8.751 habitantes en 1.950, 8.643 en 1.960, 8.423 en 1.970 y 8.265 en 1.975. Es decir, este municipio sólo ha perdido el 5,5 por 100 de su población de 1.950 frente al 26 por 100 del conjunto regional y al 15 por 100 de la misma Baza.

La emigración temporal a Francia es solamente una parte de la que tiene como objetivo el extranjero y, en concreto, Europa Occidental. Esta emigración, mucho menor antes de 1.960 y dirigida entonces hacia el Norte de Francia y, especialmente, a Iberoamérica, tuvo su periodo de máxima trascendencia en los primeros tres decenios del presente siglo. Desde comienzos de los sesenta, las Altiplanicies han enviado volúmenes cada vez mayores al extranjero hasta su relativo cese tras la crisis de 1.973. Así, mientras en 1.961 la emigración oficial al extranjero de nuestra región sólo ascendió a unas 300 personas, se elevó a 1.096 en 1.964, a 2.300 en 1.968 y a cerca de 4.000 en 1.971. Desde entonces la provincia de Granada es una de las primeras de España en emigración exterior y, en buena parte, lo debe al cada vez más intenso éxodo que azota las altiplanicies de Baza y Huescar. En ese total, Francia ocupa el primer lugar, con cerca de la mitad de los emigrantes, incluidos los temporales, seguida a cierta distancia por Alemania con otro 20 por 100, correspondiendo cifras algo inferiores a Suiza, con algo más del 10 por 100, a Bélgica y a Holanda (54).

Estos movimientos migratorios a los paises de Europa Occidental se caracterizan, en líneas generales, por su limitación en el tiempo, debido a la concreta duración de los contratos de trabajo, que oscilan entre seis meses y un año, por una parte, y a las dificultades de recepción de familias completas impuestas por las naciones receptoras y de adaptación de nuestros campesinos a la distinta sociedad que caracteriza tales paises, por otras. Por ello, según las encuestas de Kade (55), el 60 por 100 de los emigrantes andaluces querían regresar a sus regiones de nacimiento, siendo este hecho lo que explica la frecuencia de los regresos, aunque sean temporales, de los emigrantes de la zona. Frecuencia que, incluso, afecta, aunque de forma muy diferente, a los residentes en otras regiones españolas y, en especial, a los establecidos en Cataluña y en el País Vasco.

CRISIS DEMOGRÁFICA Y SUBDESARROLLO

Esta situación demográfica tiene plena justificación -y se integra- en el subdesarrollo de la región. En 1.973, y según los ya clásicos estudios del Banco del Bilbao (56), la provincia de Granada, con una renta *"per capita"* de 62.664 Pts., ocupaba el lugar 47 entre todas las provincias españolas, significando únicamente el 62 por 100 de la renta media nacional (99.271 Pts.) y el 45 por 100 de la correspondiente a Vizcaya (138.849 Pts.), que ocupaba el primer lugar. Pues bien, la renta por habitante de las Altiplanicies de Baza y Huéscar puede calcularse que es, al menos, un 25 por 100 inferior a la provincial granadina, ya que, en la jerarquía en siete niveles establecida por el Anuario del Mercado Español (57), sólo los municipios de Baza y Cullar están incluidos en el nivel tercero -entre 30.000 y 45.000 Pts. por habitante-, mientras que todos los demás forman parte del nivel segundo, con una renta entre 17.001 y 30.000 Pts. Dicho de otra forma, la población de las Altiplanicies, que en ningún caso percibe el 75 por 100 de la renta media granadina, nada más en un total de 26.312 habitantes puede disfrutar de más de 30.000 Pts. de ingresos, similar aunque por defecto a un estilo que podríamos calificar de *"español"*, mientras que la mayor parte de sus habitantes, 48.096, el 64 por 100, tiene ingresos inferiores a 30.000 Pts., equivalente a lo que se ha denominado una renta de tipo *"chino"* (58).

Como es bien sabido este subdesarrollo está en íntima relación con el absoluto predominio de las actividades agropecuarias, más aún, con la específica y bien definida estructura latifundista, tradicional y extensiva de tales actividades y, en último término, con el evidente desajuste existente entre esta sociedad rural y el proceso de crecimiento industrial que ha caracterizado a España en los últimos decenios (59). Pero, en esta dependencia entre regresión demográfica y subdesarrollo socioeconómico se está produciendo cierta inversión en el binomio causa- efecto. Si, hasta finales de la década de los setenta, la depresión poblacional era sin duda un resultado del proceso de cambio de su estructura económica y de su creciente dependencia de otras regiones y de otros sectores económicos de España, últimamente la crisis demográfica se está convirtiendo en una causa en si misma tanto de retroceso de la población como de agravación de los problemas económicos y, en definitiva, del subdesarrollo.

El envejecimiento de la población es un fenómeno normal tanto en España como, de manera más acusada, en toda Europa Occidental. Ahora bien, este envejecimiento alcanza sus valores máximos en la decreciente población rural española y europea. El fenómeno se generalizó en España a partir de 1.930, aunque con acusadas diferencias regionales, siendo Andalucía, con otras regiones meridionales españolas -Extremadura y Canarias, por ejemplo- una excepción. Sin embargo, después de la Guerra Civil y, sobre todo, a partir del gran éxodo campesino iniciado en 1.950 y acentuado durante los años sesenta, Andalucía no sólo se ha incorporado a esa tendencia general sino que, en algunas de sus partes, está superando la norma nacional e, incluso, la andaluza. Este parece ser el caso de Andalucía Oriental, donde a un aumento de la "tercera edad" por disminución de las tasas de natalidad, general en España, se ha incorporado en los últimos decenios un "típico envejecimiento por la cúspide"; es decir, el incremento en la proporción de ancianos tiene por causa la disminución absoluta y relativa del grupo intermedio de edad madura, específico de las regiones que, como Andalucía, están muy afectadas por la emigración (60).

Las Altiplanicies podrían ser, en Andalucía Oriental, un ejemplo paradigmático. Todavía en 1.950, la natalidad era, como en toda Andalucía, del orden del 24/25 por 1.000. En 1.970, en cambio, la tasa de nacimientos había retrocedido a menos del 18 por 1.000, igualando así los valores medios españoles (19‰) aunque siendo inferiores a los de Andalucía Oriental (21‰). Por su parte, la mortalidad, que a comienzos de los años cincuenta (11‰) era ya muy similar al promedio español (9,8%), en 1.970 era incluso más baja (7,5‰) que en el conjunto de España (9,8%) y que en Andalucía Oriental (8,5‰). De esta manera, el crecimiento vegetativo que, en 1.950, era uno de los más elevados de España y que, como en toda Andalucía, no bajaba del 16 por 1.000, desde 1.970 es incluso ligeramente inferior (10‰) al nacional (11‰), habiendo evolucionado negativamente con un ritmo mucho más rápido que en Andalucía y, sobre todo, que en España. Indudablemente, en este proceso la emigración ha tenido un papel esencial; el hecho de que las tres cuartas partes de los emigrantes tengan entre 20 y 50 años ha provocado un tremendo retroceso de la capacidad genésica regional y, a la vez, ha favorecido el aumento de la "tercera edad".

La primera consecuencia de estos cambios en la espectativa biológica ha sido la transformación sufrida por la estructura por edades. En 1.970, las Altiplanicies tenían alrededor de un 16 por 100 de personas mayores de sesenta años, superando netamente los índices regionales y nacionales que oscilan, respectivamente, en torno al 14 y al 12 por 100. Paralelamente, los menores de 20 años seguían manteniendo cifras relativamente altas, alrededor del 40 por 100, mayores que el promedio español (35%) y similares a las regionales, aunque con la particularidad, presente también en Andalucía Oriental, y muy negativa para el futuro, de que el grupo inferior, hasta cinco años, presenta un importante estrangulamiento, como fruto del rápido descenso de la natalidad en el quinquenio 1.965-1.970 (61). Los altos porcentajes de jóvenes y viejos implican necesariamente valores bajos del grupo intermedio, entre 20 y 60 años, que, en 1.970, significó el 44 por 100, inferior al promedio nacional (51%) y al regional (47%) (61).

En segundo lugar, cabe señalar una *"tasa de dependencia"* muy alta, calculada por Cano García (62) en 1,13 para la Comarca de Baza y que aún sería mayor si se tuviesen en cuenta los restantes municipios del área de Huescar, más afectados si cabe por la emigración y con muy bajo porcentaje del grupo de edad intermedio. Resulta así una pesada carga para la cada vez menor y de más edad población activa, carga que no se puede resolver ni mucho menos con las transferencias de los emigrantes. La crisis general del campo español se ve acentuada así -y especialmente en las Altiplanicies- por el fuerte envejecimiento de la población rural. Este es muy sensible entre los braceros que, en la práctica, rebasan los cuarenta años, salvo en aquellos casos en que, como en Caniles, persiste una fuerte emigración temporal, que permite en ciertas estaciones cierto número de peones entre 20 y 30 años, los más afectados, no obstante, en toda la región, por el éxodo definitivo. Pero, además, el envejecimiento es muy sensible entre los empresarios agrícolas. Según el Censo Agrario de 1.972, sobre un total de 14.076 empresarios existentes en las Altiplanicies, el 41 por 100 (5.815) tiene más de 55 años, mientras que los menores de 35 años (1.164) son únicamente el 8,2 por 100.

En definitiva, la crisis demográfica constituye, en las Altiplanicies, la causa fundamental de un proceso irreversible, en principio, de despoblamiento y, además, la raíz de un clásico *"circulo vicioso de subdesarrollo"*. En general, la pérdida absoluta de mano de obra agraria y su fuerte envejecimiento no se ha visto compensada suficientemente por la introducción de bienes de capital y equipo que impidiesen el descenso no sólo del conjunto de la actividad agraria sino, sobre todo, de su eficacia y de su productividad, como algunos economistas piensan que ha sucedido -o está sucediendo- a nivel nacional (64). Como en toda Andalucía Oriental, pero con mayor incidencia y carácter general, la descapitalización del campo en las Altiplanicies es la nota distintiva, lo que no excluye la existencia excepcional de auténticas empresas capitalistas. El muy bajo nivel de mecanización regional es, sin duda, un índice muy expresivo aunque no definitivo. En 1.970, seguía siendo muy elevado el número de arados romanos, incluso en relación con los de vertadera -2.403 y 3.638 respectivamente sólo en la comarca de Baza (65)-, mientras que los tractores, a pesar de su rápido incremento -unos 48 a finales de los años cincuenta y cerca de 300 en 1.970-, alcanzan una densidad muy baja aun en una región y en un país que, como Andalucía Oriental y España, no han conseguido todavía niveles de auténtica eficacia. A comienzos de los años setenta, las Altiplanicies, con algo más de 300 hectáreas por cada tractor, aparecían a mucha distancia de los índices regionales, 125 Has. por tractor, y nacionales, 76 Has. por unidad (66).

Esta elevada descapitalización -o falta de capitalización-, por un lado, y los obstáculos tanto naturales como institucionales, por otro, han podido contribuir a un claro retroceso de la superficie labrada que, entre 1.962 y 1.972, ha disminuido en algo más del 20 por 100, duplicando casi el proceso de regresión que ha afectado a todo el campo español. Y todo ello sin que, como hubiera podido esperarse, si se hubiera producido la norma nacional, haya tenido lugar un incremento claro de los rendimientos que, en el caso del trigo, cultivo básico de la región y el de más fácil modernización y mejoramiento, siguen siendo los tradicionales, entre 8 y 10 Qm. por Ha., frente a los 12-14 Qm. de media española. De igual manera, y entre las mismas fechas y según la misma fuente (67), el número de explotaciones agrarias ha disminuido sensiblemente, en un 16 por 100, pasando de 17.277 en 1.962 a 14.543 en 1.972. Aunque este proceso pueda, hasta cierto punto, constituir una favorable y ventajosa concentración espontánea de las explotaciones, sobre todo de las más pequeñas y de menor valor económico, es seguro también que la reducción ha sido provocada por el abandono de un cierto número de explotaciones marginales tanto por razones naturales como por inadaptación a una evolución del sector agrario imposible de alcanzar por la población rural que ha permanecido en las Altiplanicies, falta por edad y formación del imprescindible espíritu de empresa que exigen las nuevas circunstancias.

Las limitaciones de la principal y casi única fuente de riquezas regional, así como su evolución durante los últimos años, no sólo explican el bajo nivel de desarrollo alcanzado por las Altiplanicies, sino sobre todo su estabilización e, incluso, su relativo retroceso. Así, mientras que, a mediados de la década de los sesenta, el conjunto de la región tenía, según el Anuario del Mercado Español (68), una renta por habitante solo un 15 por 100 inferior al promedio provincial y el municipio de Baza se encontraba a niveles similares al de la Vega de granada o la Hoya de Motril, en 1.973, se había producido un retroceso hasta el 25 por 100 de la renta provincial para la región, y Baza aparecía por debajo de Motril y de algunos municipios del entorno granadino, como Atarfe y Maracena. Este descenso de la renta "per capita y, en definitiva, de los ingresos regionales, en relación al resto de Andalucía Oriental, de Granada y de España, justifica las modificaciones sufridas por la "cuota de mercado' entre 1.963 y 1.969 (69). En el primer año, la "cuota" regional ascendía a un volumen total de 196 sobre las 100.000 correspondientes a toda España, mientras que, en 1.969, era únicamente de 136 sobre la misma base. Este retroceso afectaba, incluso, a Baza, único "núcleo mercantil de 2.ª A" de las Altiplanicies según el Atlas Comercial de España (70), cuya "cuota de mercado" también había retrocedido, aunque en menor cuantía, 40 en 1.963 y 38 en 1.969, a la vez que sus licencias comerciales retrocedían de 221 a 217 y su especialización mercantil disminuía.

La crisis es, sin lugar a dudas, un hecho y sus posibilidades de cambio, en principio, no parecen claras. Su superación no es posible en un futuro a medio y largo plazo si las Altiplanicies permanecen sometidas a sus propias fuerzas. Sólo una ordenación adecuada del territorio en la que se tuviesen en cuenta todas sus posibilidades, en primer lugar agrarias, pero también las industriales, puede permitir el inicio de un futuro más favorable. Pero, sin olvidar que las Altiplanicies no son un ente aislado y cerrado en sí mismo, sino que forma parte de una unidad mayor, Andalucía Oriental, en primer término, y, por tanto de Andalucía y España, en definitiva, en las que precisamente su situación, evidentemente favorable una vez superados ciertos obstáculos naturales e institucionales, puede -y debe- desempeñar un papel decisivo y trascendente.

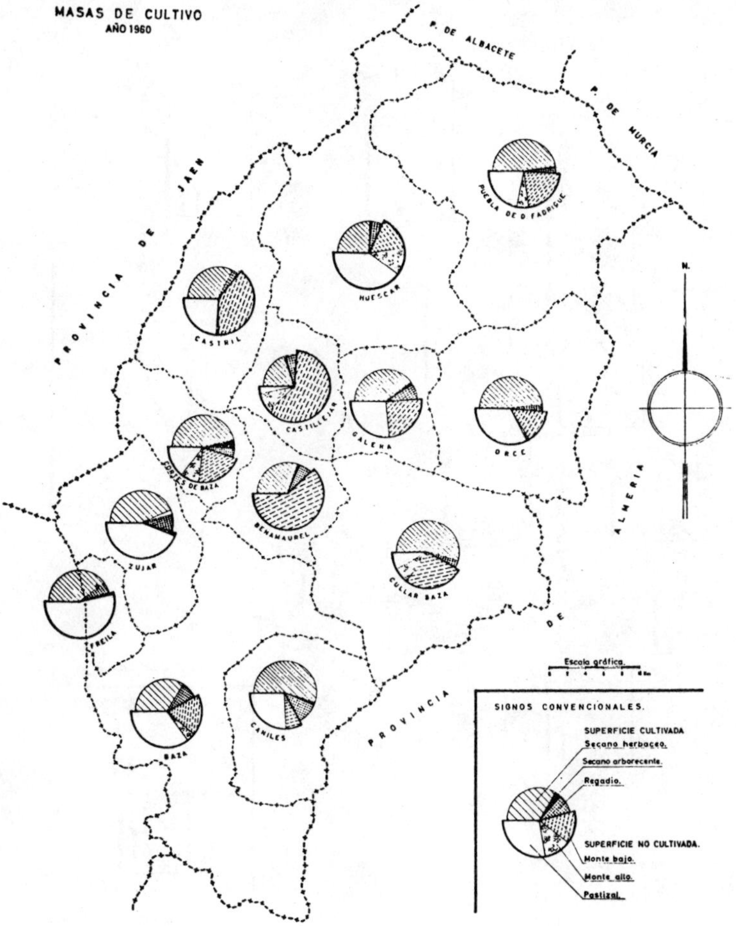
MASAS DE CULTIVO
AÑO 1960
P. DE ALBACETE
P. DE MURCIA
PROVINCIA DE JAEN
PROVINCIA DE ALMERIA
PUEBLA DE D. FADRIQUE
HUESCAR
CASTRIL
CASTILLEJAR
GALERA
ORCE
CORTES DE BAZA
BENAMAUREL
ZUJAR
CULLAR BAZA
FREILA
BAZA
CANILES
N.
Escala gráfica.
SIGNOS CONVENCIONALES.
SUPERFICIE CULTIVADA
Secano herbaceo.
Secano arborecente.
Regadio.
SUPERFICIE NO CULTIVADA.
Monte bajo.
Monte alto.
Pastizal.

TIPOS DE EXPLOTACION
AÑO 1902

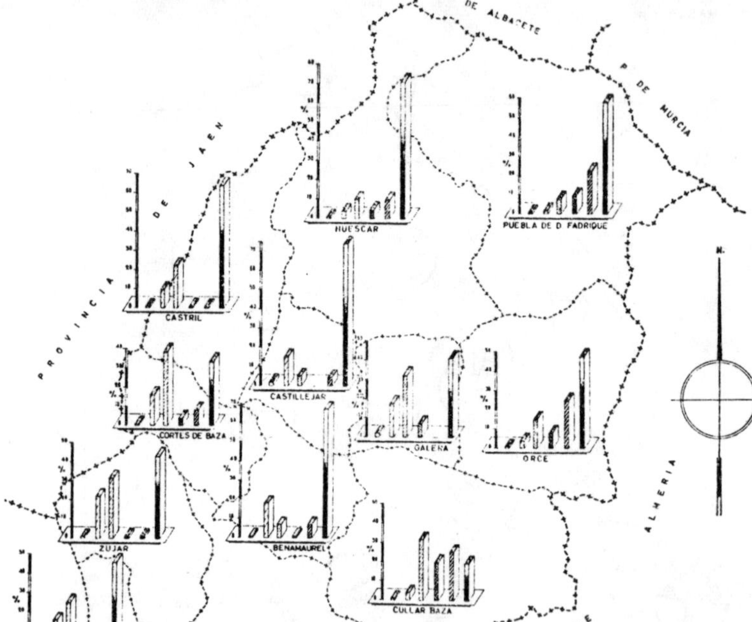

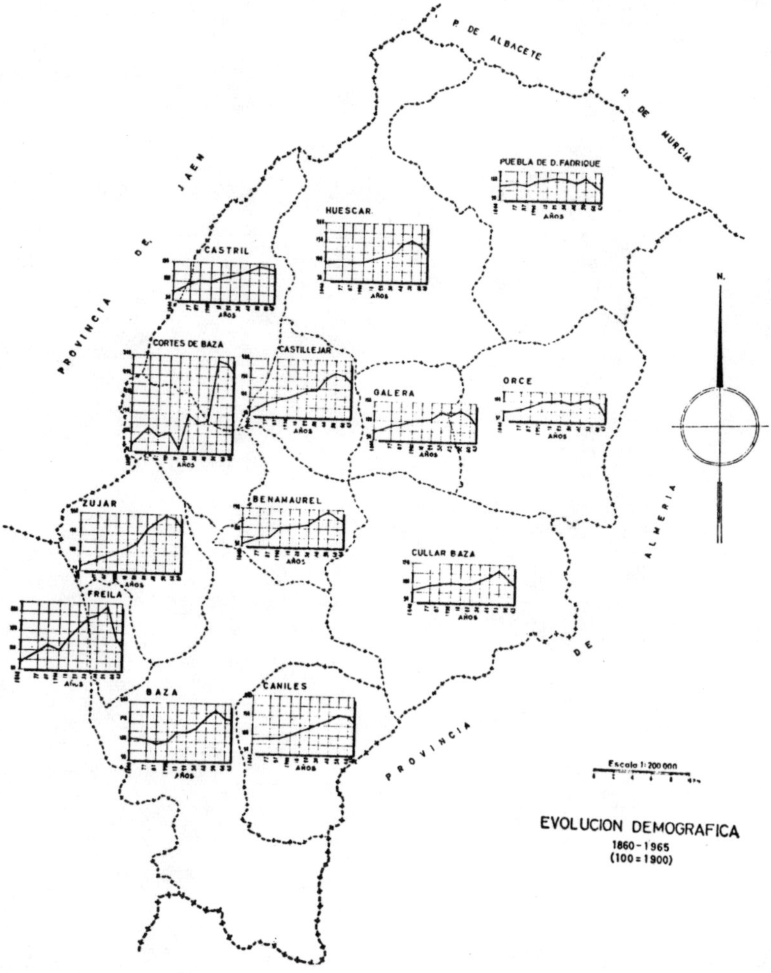

EVOLUCION DEMOGRAFICA
1860-1965
(100=1900)

NOTAS

(1) BOSQUE MAUREL, J.- *"Factores geográficos en el desarrollo de Andalucía"*, en «Estudio Socioeconómico de Andalucía», III, pp. 309 y sigs. y *"Granada. La Tierra y sus Hombres"*. Granada, Universidad de Granada, 1971.

(2) FALLOT, P., SOLE, L., COLOM, G. y BIROT, P.- *"I. Sur le Néogene des bassins de Guadiana Menor et de Baza. II. Sur l'age des couches de Baza et de la formation de Guadix"*. C.R. Academie des Sciences, CCXXX, París, 1959, pp. 1.717-1.727, y CCXXXI, París, 1950, pp. 504-507, y VERA, J.A.- *"Estudio estratigráfico de la Depresión"* Guadix-Baza. Bol. Inst. Geol. y Minero de España, LXXXI-V, 1970, pp. 429-462.

(3) FALLOT, P. y SOLE SABARIS, L.- *"Observaciones geológicas sobre el Jabalcón (Provincia de Granada)"*. Memorias y Comunicaciones Instituto Geológico Provincial, XVI, Barcelona, 1957, pp. 7-18.

(4) BIROT, P. y SOLE SABARIS, L.- *"Recherches sur le morphologie du Sur-Est de l'Espagne"*. Rev. Geogr. Pyrinees et Sudouest, XXX, 1959, pp. 209-284.

(5) BIROT, P. y SOLE SABARIS, L.- *"Recherches"*..., pág. 216-226.

(6) NEUMANN, H.- *"El clima del Sudeste de España"*. Rev. Estudios Geográficos, XXI, 1960, pp. 200-202.

(7) NIEMEIER, G.- *"Die sudöstspanische steppe"*. Mitteilungen Geographie Ges., XXXVIII, 1927, pp. 131-215.

(8) *"Grundzüge der Pflanzenverbreitung auf der Iberischen Halbilsen"*, en «Die Vegetation der Erde», I, Leipzig, 1896, pág.

(9) *"Geografía de España y Portugal"*. Barcelona, Edit. Vicens Vives, 1967, pág. 693.

(10) *"Cosmografía General de España"*, Madrid, 1905, III, pág. 38.

(11) CANO GARCIA, G.M.- *"La comarca de Baza"*. Valencia, Departamento de Geografía, 1974, pág. 205.

(12) CASAS MORALES, A.- *"Repoblación forestal, explotaciones forestales espartizales y pastos"*. Granada, Consejo Económico Sindical, 1961, pp. 41-44.

(13) Cifras estimadas sobre los datos existentes en los Libros de Respuestas Particulares del Catastro del Marqués de la Ensenada (1752) en el Diccionario Geográfico-Estadístico de Madoz (1850) y en el Catastro de Rústica de la Delegación de Hacienda de Granada. Estos últimos obtenidos gracias a las facilidades de su Ingeniero Jefe D. José Cortacans, que tanto ha hecho por nuestras investigaciones en la provincia de Granada.

(14) Obra citada, pág. 210.

(15) *"Viaje por España y Portugal en los años 1494 y 1495"*. Prol. de M. Gómez Moreno y trad, J. López de Toro, Madrid, 1951, pág. 94 y sig.

(16) MAGAÑA VISBAL, L.- *"Baza histórica"*. Baza, 1927.

(17) *"Anales de Granada. Descripción del Reino y Ciudad de Granada"*. Edic, de A. Marín Ocete, Granada, Facultad de Letras, 1934, I, pág. 107.

(18) PEYRON, A.- en «Viajes de extranjeros por España y Portugal» recopilados por A. García Mercadal, Madrid, Aguilar, 1952-1962, III, pág. 768.

(19) CANO GARCIA, G.M.- Obra citada, pág. 210.

(20) *"Los latifundios en España"*. Madrid, 1932, pág. 247 y sigs.

(21) *"La comarca de Baza"*, pág. 291.

(22) BOSQUE MAUREL, J.- *"Estructura agraria actual de la provincia de Granada"*. III Consejo Económico Sindical Provincial, Granada, 1964, pp. 3-33.

(23) CANO GARCIA, G.M.- Obr. cit., pág. 296.

(24) Comisaría de Aguas de Granada y Censo Agrario de 1962 (Cuadernos municipales).

(25) *"Nuevos regadíos, mejora de los existentes, encauzamientos, y defensa y abastecimientos de aguas potables"*. III Consejo Sindical Provincial, Granada, 1964, pp. 298-299.

(26) GUERRERO ABELLAN, M.- *"Obras hidráulicas y aprovechamiento de aguas"*, en «Consejo Económico Sindical Comarcal de la Altiplanicie de Baza y Huéscar», Granada, 1961, pp. 29 y sigs.

(27) Vid. GONZALEZ BARBERAN, V.- *"Aspectos históricos-geográficos del Guadalquivir y sus fuentes"*, en «Guadalquivires», Cincuenta Aniversario de la Confereración Hidrográfica del Guadalquivir, Sevilla. Sevilla, 1977, pág. 31 y sigs.

(28) MUSSO Y FONTES, J.- *"Historia de los riegos de Lorca, de los ríos Castril y Guardal o del canal de Murcia, y de los Ojos de Archivel"*. Murcia, Imp. C. Palacios, 1847; PUIG, I,- *"El Plan Jaén"*. Rev. Ibérica, Barcelona, 1960, y CANO GARCIA, G.M.- *"La comarca de Baza"*, pág. 347 y sigs.

(29) *"Plan Nacional de Obras Hidráulicas"*. Madrid, Ministerio de Obras Públicas, 1933.

(30) DIRECCIÓN GENERAL DE OBRAS HIDRAULICAS.- *"Gudalquivir"*. San Sebastian, 1964; COMITE ESPAÑOL DE RIEGOS Y DRENAJES.- *"Los riegos en España. Datos para su estudio. Obras realizadas por las Confederaciones Hidrográficas"*. 2 vols. Madrid, 1969. y SANCHEZ DEL CORRAL, J.Mª.- *"Nuevos regadíos"...*, pp. 298 y sigs.

(31) MENENDEZ DEL MORAL, M.- *"Ganadería"*, en «Consejo Económico Sindical Comarcal de la Altiplanicie de Baza y Huéscar», Granada, 1961, pp. 55 y sigs.

(32) PELLICER, M. y SCHULE, W.- *"El Cerro del Real (Galera, Granada)".* Mem. Excavaciones en España, nº 12 y 52, Madrid, 1962 y 1966 y MOLINA FAJARDO, F.- *"La ciudad romana de Cástulo".* Granada, 1974.

(33) CANO GARCIA, G.M.- *"Baza. Notas de Geografía Urbana".* Asociación Cultural de Baza y Comarca, 1973.

(34) BOSQUE MAUREL, J.- *"Geografía Urbana de Granada".* Zaragoza, Instituto de Geografía Aplicada, 1962, pág. 29 y sigs.

(35) PULGAR, F. del.- *"Crónica de los Reyes Católicos".* Edición y Estudio de Juan Mata Carriazo. Madrid, 1943, II, pág. 372 y sigs.

(36) Ibidem, pág. 350 y sigs. y VALERA, D. de.- *"Crónica de los Reyes Católicos".* Edic. y Est. de Juan Mata Carriazo, Madrid, 1972.

(37) LADERO QUESADA, M.A.- *"La repoblación del Reino de Granada anterior al año 1500".* Rev. Hispania, 1968, pp. 485-559, y BOSQUE MAUREL, J.- *"Latifundio y minifundio en Andalucía Oriental".* Rev. Estudios Geográficos, XXXIV, 1973, pág. 490.

(38) *"Granada. Historia de un país islámico (1232-1571)".* Bibl. Universitaria Gredos, Madrid, 1969, pág. 166.

(39) MARMOL CARVAJAL, L. del.- *"Historia del rebelión y castigo de los moriscos del Reino de Granada".* Bib. Autores Españoles, XXI, Madrid, 1946 (reedición), III, i.

(40) LADERO QUESADA, M.A.- *"La repoblación"...,* pág. 499-508; RUIZ MARTIN, F.- *"Movimientos demográficos y económicos en el Reino de Granada durante la segunda mitad del siglo XVI".* Anuario Hist. Econ. y Social, 1968, pp. 127-183, y VINCENT, B.- *"L'expulsion des morisques du Royaume de Grenade et leur repartititon en Castille (1570-1571).* Melanges Casa Velázquez, VI, 1970, pp. 211-246.

(41) *"Anales de Granada"...,* I, pág. 106 y sigs.

(42) CANO GARCIA, G.- Obra citada, pág. 29.

(43) HURTADO DE MENDOZA, D.- *"Guerra de Granada".* Edic, de B. Blanco-González, Clásicos Castalia, nº 22, Madrid, 1970, pág, 345. Marmol añade que D. Juan de Austria ordenó «asolar todas las casas de Galera y sembrarlas de sal» (VIII, vi).

(44) VINCENT, B.- *"L'expulsion des"...,* pág. 220, afirma que no existen datos para el área de Baza y Huéscar y no da cifra alguna de expulsados. El mismo calcula en 12.000 los correspondientes a Guadix, debiendo ser una cantidad similar en Baza y Huéscar, sino mayor, dado el mayor tamaño de sus núcleos de población.

(45) ALLER, D.- *"Las grandes propiedades rústicas en España".* Madrid, 1912.

(46) *"Diccionario"...,* Iv, pág. 84, y IX, pág. 347.

(47) Datos procedentes de los Ayuntamientos.

(48) BOSQUE MAUREL, J.- *"Granada, la tierra y sus hombres".* Granada, 1971, pág. 249 y sigs.

(49) CASADO SANCHEZ, Mª A.- *"Ibi. Estudio geoeconómico de un núcleo industrial".* Valencia, 1974.

(50) FLORISTAN SAMANES, A. y BOSQUE MAUREL, J.- *"Movimientos migratorios de población en la provincia de Granada".* Rev: Estudios Geográficos, XVIII, 1957, pp. 301-402.

(51) CANO GARCIA, G.- Obra citada, pág. 96.

(52) DEMANGEON, A. y MAUCO, G.- *"Documents pour servir a l'étude des étrangers dans l'agriculture française",* París, 1939; HERMET, G. y MARQUET, J.- *"Emigrants saisonniers espagnols en France. Enquete par sondage dans le department de l'Oise en 1959".* París, F.N.S.P., 1961; HERMET, G.- *"Los españoles en Francia: inmigración y cultura. Madrid,* Guadiana de Publicaciones, 1969, y DALLA ROSA, G.- *"Les saisonniers étrangers dans l'agriculture du Lot-et-Garonne",* Rev. Geogr. des Pyrénnées et du Sud-Ouest XLIII, 1972, pp. 5-22.

(53) CANO GARCIA, G.- Ob. cit., pág. 97.

(54) BOSQUE MAUREL, J.- *"Granada, la tierra y sus hombres",* pág. 249 y sigs. y CARVAJAL GUTIERREZ, Mª C.- *"La emigración al extranjero en la provincia de Granada".* Cuad. Geográficos de la Univ. de Granada, III, 1973, págs. 25 y sigs.

(55) *"Los trabajadores andaluces en Alemania. Resultados de una investigación",* Anales de Sociología, IV, 1968-1969, pp. 159-188 (en colaboración con G. Schiller) y *"Factores humanos"* en «Estudio Socioeconómico de Andalucía», II, Madrid, Instituto de Desarrollo Económico, 1970, págs. 13-379.

(56) *"Renta Nacional de España y su distribución provincial, 1973".* Bilbao, 1975. Existen estudios similares desde 1955, correspondiendo el último a 1975, en el que Granada ocupaba el penúltimo lugar con una renta «per cápita» de 85.993 Pts., seguida por Cáceres, siendo la media nacional de 144.731 y ocupando el primer lugar Vizcaya con 201.152 Pts.

(57) Publicación del Banco Español de Crédito dirigida por José Mª Fontana Tarrats. Los datos utilizados corresponden a los Anuarios correspondientes a 1965, 1969, 1970, 1971, 1972, 1973 y 1974.

(58) MORA DEL RIO, F.- *"Más de cinco millones de españoles tienen una renta "china".* Informaciones Económicas, nº 255, 18 de agosto de 1973, pág. 6.

(59) NAREDO, J.ML.- *"La evolución de la agricultura en España. Desarrollo capitalista y crisis de las formas de producción tradicionales",* Barcelona, Estela, 1971 y LEAL, J.L., LEGUINA, J., NAREDO, J.M. y TARRAFETA, L.- *"La agricultura en el desarrollo capitalista español*

(1940-1970)''. Madrid, Siglo XXI, 1975. Vid. también GARCIA DELGADO, J.L. y ROLDAN LOPEZ, S.- *''Contribución al análisis de la crisis de la agricultura tradicional en España: Los cambios decisivos de la última década''*, en «La España de los años 70», II La economía, Madrid, Moneda y Crédito, 1973, pp. 253-322 y MARTINEZ ALIER, J.- *''La estabilidad del latifundismo''*. París, Ed. Ruedo Ibérico, 1968.

(60) CARVAJAL GUTIERREZ, MªC. y SAENZ LORITE, M.- *''Aspectos demográficos de Andalucía Oriental''*. Rev. Información Comercial Española, nº 507, Madrid, 1975, pp. 123-133.

(61) Los datos regionales proceden de los Padrones municipales conservados en los respectivos Ayuntamientos y han sido obtenidos por muestreo, lo mismo que los referentes a crecimiento vegetativo. Para España vid. GOMEZ MENDOZA, J.- *''Estructura por edad y sexo de la población española en 1965. Ensayo metodológico de tipología provincial''*. Rev. Est. Geográficos, XXXII, 1971, pp. 409-442.

(62) *''La Comarca de Baza''...*, pág. 101.

(63) *''Serie A. Primeros Resultados. Granada (18)''*. Madrid, 1973.

(64) NAREDO, J.ML.- y otros.- *''La agricultura en el desarrollo capitalista español''...*, pág. 13.

(65) CANO GARCIA, G.- Ob. citada, pág. 341 y 342.

(66) *''Situación actual y perspectivas de desarrollo de Andalucía Oriental''*, Confederación de Cajas de Ahorros, Madrid, 1975, II, pág. 172 y sigs.

(67) *''Censo Agrario de España, 1972''*. Serie A. Primeros resultados, Granada, Madrid, Instituto Nacional de Estadística, 1973.

(68) Volúmenes correspondientes a 1965, 1969, 1972, 1973 y 1974.

(69) Según el Anuario del Mercado Español, la «cuota de mercado» expresa la riqueza y la capacidad de compra de una determinada área territorial, y depende de diversas variables socioeconómicas: población de hecho, número de Bancos y Cajas de Ahorros, número de teléfonos, de licencias comerciales recaudación de impuesto de espectáculos, venta de efectos comerciales, entre otros. Sobre una base nacional de 100.000 unidades se calcula estadísticamente el valor de cada «área comercial», en este caso a partir de los municipios con más de 3.000 habitantes de población de hecho.

(70) CONSEJO SUPERIOR DE CAMARAS OFICIALES DE COMERCIO, INDUSTRIA Y NAVEGACION DE ESPAÑA. *''Atlas Comercial de España''*. Madrid, 1963.

VI

Desarrollo regional y medio ambiente: el caso de Andalucía

Conferencia pronunciada en el XXV Curso sobre Desarrollo y Medio Ambiente organizado por el Instituto de Estudios de Administración Local y la Unión Internacional de Administraciones Locales (24 octubre al 12 noviembre de 1.975).

"Las riquezas inmateriales nacidas de la naturaleza, es decir, los beneficios biológicos, las alegrías estéticas y el enriquecimiento científico que traen consigo, son cada vez más escasos a causa de las destrucciones continuas que les infligen la mecanización, la industrialización, la urbanización y una utilización devastadora y abusiva del mundo vivo. En el futuro la televisión, el frigorífico y el automovil formarán parte de todo hogar, pero el mundo occidental pasará por tal escasez de aire puro, de silencio, de verdor, que esos bienes, antes inapreciados, serán lo más precioso de nuestra civilización".

(Philippe de Saint Marc: *Socialización de la Naturaleza,* pag. 37)

En el conjunto de una España que ya ha rebasado plenamente el umbral del desarrollo y que se ha convertido, pese a los problemas planteados últimamente por la crisis de la energía, en uno de los diez primeros paises industriales del mundo, Andalucía, como otras regiones españolas -Galicia y Extremadura, por ejemplo-, forma parte de lo que últimamente se está llamando la *"España rural"* o lo que, en definitiva, pudieramos apedillar, según consideraciones más estrictamente económicas, la *"España subdesarrollada"* o *"en desarrollo"*, según se prefiere un tanto eufemísticamente.

Quizás por ese carácter *"rural"* que hunde sus raices en el tiempo y que ha hecho, hasta cierto punto, de Andalucía una de las regiones de máxima originalidad geográfica de España y, quizás, de Europa, sea nuestra región aquella en la que el *"medio ambiente"* y el *"equilibrio ecológico"* se han conservado dentro de unos límites más adecuados a la conservación de la Naturaleza y de su *"equilibrio"*. Es claro que, sin embargo, para valorar con cierta exactitud esa situación del *"medio ambiente"* no debería olvidarse que Andalucía, como en general todo el mundo mediterráneo al que pertenece, es uno de los ámbitos históricamente más viejos y complicados del mundo, y por tanto una de las regiones de la Tierra donde la huella humana ha sido y es más profunda e intensa. Por ello, pensar en una Naturaleza y en un *"medio ambiente"* no transformado ni afectado por la acción y la ocupación humana significaría un error, manifiesto.

En realidad, en Andalucía, como en todas las regiones cargadas de historia, y pocas la han tenido tan cargada de acontecimientos como la nuestra, el *"medio ambiente"* es el resultado de una combinación estricta y diversificada de un *"medio físico"* con características muy específicas, tanto de relieve como de clima y de vegetación, y un *"medio humano"* ó *"histórico"* en el que han incidido grupos humanos y civilizaciones muy diferentes y diversas. El resultado ha sido un paisaje geográfico original y característico en el que el equilibrio y la armonía entre lo natural y lo humano es lo significativo. Como afirma Max Sorre, *"La natura-*

leza y la humanidad mediterránea forman una combinación geográfica original justificada por todos los prestigios de la Historia'' (1).

Es claro que un similar *''medio ambiente'',* en todas sus lógicas diferencias derivadas de sus diferentes *''medios naturales''* y de sus distintos *''medios humanos'',* han caracterizado y caracterizan aún, a casi todas aquellas partes de la Tierra donde la huella humana ha sido más intensa. Por el contrario, no son muchos los ámbitos naturales que pudieran considerarse como puros, limitándose a aquellas áreas terrestres donde los obstáculos físicos han significado una auténtica barrera a la acción del hombre, como las selvas ecuatoriales, las regiones polares o las más altas tierras montañosas. Precisamente, solo estas últimas han introducido *''islotes ecológicos'',* y no absolutamente puros, en los medios geográficos de las regiones más humanizadas de la Tierra. El ejemplo de Sierra Nevada puede ser, a estos efectos, muy significativo, aunque aquí como en otros muchos casos, siempre ha existido un nivel mínimo de penetración humana. Bien directamente o de forma indirecta. Recordemos cómo, en Sierra Nevada, las necesidades de madera para la contrucción, o las exigencias energéticas, de una ciudad como Granada determinó, y ya en época medieval, unos cambios muy sensibles en el paisaje vegetal. Y, en definitiva, la aparición de un *''medio ambiente''* más o menos artificial, o mejor aún, más o menos humanizado (2).

Ahora bien, esta transformación del *''medio ambiente''* alcanzó unos niveles que pudiéramos denominar mínimos, con limitada relevancia sobre el *''equilibrio ecológico''* regional y no digamos terrestre, hasta que la Revolución Económica iniciada en la segunda mitad del siglo XVIII y que ha alcanzado sus máximas consecuencias, hasta el momento, durante la centuria actual, implicó no solo un cambio fundamental en los modos de vida de muchas regiones sino, sobre todo provocó unas necesidades de materias primas de todas clases y en tales volúmenes que la destrucción del *''medio ambiente natural''* y la transformación profunda del *''medio ambiente geográfico''* pusieron en peligro no solo el *''equilibrio ecológico'',* con todas sus consecuencias lógicas, sino también, aunque a largo plazo casi siempre y a corto plazo y medio plazo en algunas ocasiones, la misma vida de la Tierra y, más aún, de la Humanidad que en ella habita. En este sentido, afirma Philippe Saint-Marc, *''hoy vivimos una mutuación histórica: la inversión de los valores económicos en los países industrializados'',* y añade más adelante *''al contrario que la agricultura, que conserva la naturaleza, la industria la deteriora y a menudo la destruye''* (3).

Pero, es evidente, que la Revolución Económica como mera Revolución Técnica hubiera significado quizás poco en esa deteriorización del medio ambiente si no hubiera estado acompañada por un profundo cambio ideológico que, según algunos autores, como Pierre George (4), le era inherente, la aparición del liberalismo en todas sus formas pero, en especial, del liberalismo económico, según el cual la búsqueda de un beneficio inmediato justifica toda acción sobre el *"medio ambiente"* e, incluso, su misma destrucción. De aquí que, frecuentemente, sean muchos los que exijan no solo un control estrictamente técnico del uso del *"medio ambiente",* sino más aún -recordemos a René Dumot, a Philippe Saint-Marc, al Manifiesto para la Supervivencia, de Edward Goldsmith y sus colaboradores, al Segundo Informe al Club de Roma de Mesarovic y Pestel (5), -que exijan un total cambio de la ideología y del modelo económico dominante o, al menos, insinúen su transformación dentro de su *"espiritu- nuevo de solidaridad y cooperación activa -lo que se ha llamado el "espiritu de Salzburgo-" entre todos los pueblos y todas las naciones, para que la humanidad pudiera enfrentarse al desafío de nuestro tiempo"* (6).

Las exigencias de unas medidas correctoras frente al problema creciente del *"medio ambiente"* llevó, como es bien sabido, al planteamiento en el Primer Informe del Club de Roma de un crecimiento cero como algo inprescindible, incluso a corto plazo (7). Pero tal medida pretendida a nivel universal provocó inmediatamente la resistencia lógica de los países del Tercer Mundo para los que sus consecuencias eran muy diferentes que para los países ya altamente desarrollados, cuyas exigencias, de un crecimiento continuo eran mucho menores, aparte de que se veían afectados, y a menudo muy gravemente, por la degradación del *"medio ambiente".* En este nivel de defensa limitada, y a veces completamente supeditada a las exigencias económicas, es como se está entendiendo en España lo que pudiera llamarse, si es que en realidad existe una auténtica política de defensa del *"medio ambiente"* la dicotomía desarrollo y medio ambiente. En este sentido es en el que parece que pueda tener interés la consideración del caso de Andalucía, como ejemplo de una región en desarrollo dentro de una nación que, en conjunto, ya ha alcanzado un importante nivel al menos de crecimiento económico, ya que hablar de verdadero desarrollo, aunque se le apellide oficialmente socioeconómico, es un tanto discutible.

Andalucía, una de las regiones mayores en superficie y población de España, reune casi el 18 por 100 del territorio nacional y poco más del 18 por 100 de sus habitantes. En cambio, con solo el 12,6 por 100 del producto neto nacional, su realidad socioeconómica se sitúa, en renta por habitante, un 27 por 100 debajo del promedio nacional y 58 por 100 inferior al de la región más destacada, Cataluña. Tal realidad viene confirmada por otros índices más o menos relacionados con lo que pudiera denominarse el *"bienestar social"* en el que ocupa, junto con Galicia y Extremadura, los lugares inferiores de la lista de todas las regiones españolas. Sin duda, por ello Andalucía constituye la primera región emigrante de España, ya que, teniendo en cuenta su elevado crecimiento vegetativo, superior al promedio nacional, y que le ha permitido en el decenio 1.960-1.970 proporcionar la cuarta parte del incremento natural español, en ese mismo decenio ha perdido, por emigración, casi un millón de personas, que pueden añadirse a otro millón emigrado con anterioridad a esa fecha, desde comienzos del siglo actual (8).

Y, sin embargo, esta situación de subdesarrollo relativo, sobre en relación con el conjunto de España y, más aún con los países de Europa occidental, recipiendarios precisamente de una parte de esa emigración, no excluye, ni mucho menos, un indudable crecimiento económico, lógico por otra parte si tenemos en cuenta que Andalucía es la primera región agricola española, la segunda ganadera, la primera en minerales metálicos y no metálicos, descartados los productores de energía, y reune unas excelentes condiciones de situación, origen de una renta posicional, base entre otras cosas de un importante lugar en la industria turística nacional. Todo ello, sin embargo, no ha permitido un crecimiento paralelo ni siquiera similar al nacional, y sobre todo bastante inferior al de otras regiones, como las áreas industriales barcelonesas, madrileña y vasca, y que justifican la pérdida relativa de peso demográfico y económico de Andalucía dentro del conjunto español. Así mientras en 1.955 Andalucía proporcionaba casi el 15 por 100 del producto nacional, en la actualidad significa solamente el 12,5 por 100. En estos hechos quizás sean razones suficientes, por una parte, la inexistencia de una política de desarrollo regional que solamente ahora pretende iniciarse, como fundamental, con el IV Plan de Desarrollo en preparación y casi a punto de ver inciarse su ejecución, y también el desequilibrio sectorial y comarcal con que, quizás por falta de un plan regional, se ha producido en los últimos treinta años el indudable crecimiento económico andaluz. Hechos ambos que pueden considerarse incluidos en una realidad superior, la falta de una auténtica política de desarrollo nacional, no conseguida pese a la buena voluntad e incluso a la excelente calidad técnica de toda política planificadora de los últimos veinte años.

Andalucía es, en esencia, una región agraria, la primera de España atendiendo al volumen e, incluso a la calidad de su producción. Pero también junto a la Meseta, salvo Madrid, y Galicia, atendiendo al volumen y porcentaje de su población activa campesina. Esta supera a las correspondientes de los restantes sectores, a pesar de su constante aunque lento retroceso, no exento por otra parte de algunas variantes provinciales. Quizás ésto sea una de las primeras razones por las que aún la degradación del medio ambiente no ha alcanzado un nivel tan generalizado como en otras partes de España. No hay que olvidar, en este sentido, el hecho antes apuntado de que la agricultura, a diferencia de la industria, conserva mejor la naturaleza y no afecta tanto a su equilibrio ecológico, Incluso, hay que tener en cuenta además que, como en el conjunto de España, se ha producido un relativo, aunque importante retroceso de la superficie cultivada y por tanto un cierto abandono a actividades agrarias menos humanizadas, como la ganadería o el bosque, y por tanto de menor deteriorización ambiental.

En esta línea podemos situar la retirada de la agricultura de Sierra Morena y de muchas de las sierras béticas, en especial de Sierra Nevada, que, o bien ha favorecido su conversación en áreas cinegéticas más o menos artificiales, con la creación de una fauna, de origen extraño, o la reconstrución de la antigua, que casi había desaparecido, o en otros casos, con un excesivo desarrollo de especies de fácil crecimiento, en general coníferas, no siempre las más adecuadas climáticamente a las tierras afectadas. La expansión o la conservación de estas áreas naturales, más o menos afectadas por los cambios de detalle, han provocado en algunos casos graves tensiones con el tradicional pastoreo de estas regiones, que, o ha visto limitado sus pastizales por las exigencias de la nueva fauna, o no puede desarrollarse en condiciones adecuadas por las específicas exigencias en suelo y clima de las nuevas formaciones forestales (9).

Sin embargo, por otro lado, aunque circunscritas a áreas muy concretas, han tenido lugar transformaciones agrarias importantes, en especial por la creación de nuevos regadíos o la extensión de los antiguos, que han significado cambios de cierta categoría incluso del primitivo equilibrio ecológico de origen agrario, o bien han favorecido, al permitir posibilidades residenciales o turísticas, una creciente urbanización. Este sentido, es importante considerar la red de embalses surgida a lo largo del río Guadalquivir y de sus principales afluentes, entre los que el Pantano del Tranco, en la cabecera del Betis, es un ejemplo muy característico. No solo ha permitido la regularización del régimen fluvial, permitiendo la extensión y mejora de la irrigación, sino que ha creado uno de los elementos fundamentales para la conversión del Alto Guadalquivir, entre las sierras de Cazorla y Segura, en una de las reservas naturales más afamadas de España (10).

Como un último hecho a considerar en esta misma línea, debería recordarse la degradación que, primero, la desecación de una parte de las Marismas del Guadalquivir -la Isla Menor- ha significado a una de las últimas reservas naturales europeas de fauna y flora palúdica, e íncluso el peligro que el uso indiscriminado de insecticidas y similares y la utilización del Guadalquivir como vertedero de las ciudades de sus orillas, implica para aquellas partes de esas Marismas que, legalmente, se han querido conservar vírgenes, como el Coto de Doñana (11).

Naturalmente. los problemas del desarrollo agrario no son iguales ni siquiera parecidos en cada parte o región de Andalucía, debiendo como mínimo distinguirse entre la Baja y Alta Andalucía. La primera dispuesta a lo largo del Guadalquivir, y en especial gracias a las Campiñas de su margen izquierda, posee las mejores tierras agrarias de España y las de más añeja ocupación campesina así como las más profundamente modificadas. En cambio, la Alta Andalucía, cuyo caracter montañoso y su difícil climatología no favorecen el desarrollo agrícola, salvo excepciones muy concretas, como las Vegas tanto interiores como litorales, constituye ante todo un área silvopastoril tradicional y, en los últimos tiempos, aunque limitada a reducidos espacios, un área de aprovechamiento turístico no solo extranjero sino sobre todo nacional, como base de un creciente número de residencias secundarias para su burguesía urbana, o ligada a los deportes de nieve.

El sector agrario sigue siendo, por tanto, la base de la vida socioeconómica andaluza, y por ello quizás la degradación ambiental no ha tenido excesiva entidad y, en todo caso, ha estado reducida a determinados aspectos. Pero, junto a las actividades agrarias no han faltado otros sectores económicos incluso más dinámicos y que, hasta cierto punto, han sido los determinantes del indiscutible aunque limitado crecimiento regional. Aunque, eso sí, con un caracter menos generalizado y sobre todo reducido a unas áreas o, como máximo, a unas comarcas muy concretas. En este sentido, hay que tener en cuenta el sector industrial, con limitaciones temporales y espaciales muy definidas, y dentro de un desarrollo muy rápido de las actividades terciarias, las relacionadas con el turismo, de significación más general aunque dentro de un ámbito y un tiempo determinados. Finalmente, en íntima ligazón con esos dos sectores en expansión y con la regresión que, al menos a nivel humano, ha sufrido la agricultura, hay que tener en cuenta el hecho de que Andalucía es -y ha sido siempre- una región altamente urbanizada -con todas las reservas que su específico urbanismo implican- y que en los últimos decenios y, en especial coincidiendo con el crecimiento económico nacional, su expansión urbana ha adquirido niveles muy altos, con todas las consecuencias que tal expansión trae consigo normalmente (12).

La industrialización andaluza -he señalado en otras ocasiones (13)- puede considerarse como mediocre. En 1.973, solamente había en Andalucía 558.000 personas ocupadas por el sector secundario, frente a 720.000 campesinos y 690.000 de los servicios. Y esta mediocridad fabril está acentuada, primero, por el hecho de que la construcción, que no es una actividad típicamente fabril, con 195.000 personas significa más de un tercio de la población laboral industrial; en segundo lugar, por su excesivo predominio de las actividades alimentarias y de consumo inmediato, y finalmente, por su carácter casi familiar y solo hasta cierto punto expresamente empresarial en el sentido moderno de la palabra. Incluso, en la mayor parte de los casos en que la actividad industrial ha adquirido un relieve y significación nacionales, se trata de empresas no autóctonas ligadas bien a capitales españoles de origen casi siempre vascongado o catalán, bien a empresas multinacionales dependientes al máximo de intereses extranjeros, americanos y centroeuropeos. Con ello, en realidad se continúa una tradición de tipo colonial que fue la base del desarrollo minero andaluz en el siglo pasado -y aún antes- y que todavía mantiene fuertes reductos en las principales comarcas mineras andaluzas. Sin embargo, esta mediocridad industrial no carece de un pasado que, en muchos casos, podría considerarse hasta más brillante que el actual, sobre todo si se guardan las lógicas proporciones históricas. Así, la bahía de Cádiz vió nacer -y aún conserva- en el siglo XVIII la primera industria naval moderna española, en Málaga surgió, aunque por breve tiempo, el primer distrito siderúrgico español, en torno a 1.830, y las Vegas del Genil constituyeron el primer foco de nacimiento de la industria azucarera, a base de remolacha, de España. Más recientemente, con el I Plan de Desarrollo Económico y Social, y su peculiar política de polos de desarrollo industrial, se intentó revivificar el panorama fabril andaluz en el que tampoco hay que desdeñar la acción desarrollada, un poco antes aunque en un ámbito muy reducido -el binomio Sevilla-Cádiz- por el Instituto Nacional de Industrial. Si los resultados no han sido espectaculares tampoco son desdeñables, aunque con diferencias muy sensibles según los casos (14).

A los positivos resultados obtenidos en Huelva y el Campo de Gibraltar hay que enfrentar el fracaso, al menos por el momento, del polo de Sevilla y la paralización en que se encuentran ahora los de Granada y Córdoba. En una situación intermedia, no enteramente positiva, se encuentra el Plan de Industrialización de Jaén, anterior incluso a los Planes de Desarrollo, y que solo ha conseguido algunos resultados en determinadas localidades de dicha provincia, como Linares, La Carolina y Mengíbar. Sin entrar ahora en las razones de este relativo fracaso, que hasta cierto punto no han sido todavía bien estudiadas, y que pudieran estar relacionadas con limitaciones institucionalizadas, que no permitió crear ni facilidades en cuanto a suelo industrial ni suficientes condiciones viarias, conviene tener en cuenta sus resultados desde el punto de vista del medio ambiente, no tanto por los efectos obtenidos como por sus consecuencias ulteriores caso de que las circunstancias cambiasen en un futuro más o menos inmediato. No debe olvidarse que, desde muchos puntos de vista, las posibilidades de industrialización de Andalucía son reales, tanto porque su interés político es indudable al significar un contrapeso a la excesiva concentración fabril del Nordeste español, como porque su situación y sus posibilidades físicas -materias primas y clima -y humanas- Andalucía es la reserva laboral de España y Europa- pudiera llegar a constituirse en una importante región industrial. El caso de Huelva es, a estos efectos, muy instructivo; aunque se prescindiese de la viabilidad industrial de la región, indudable por la abundancia de sus materias primas, especialmente minerales, y de su excelente situación en las proximidades del estrecho de Gibraltar y enfrentado al Atlántico, la elección de los polígonos industriales, máxime tratandose de industrias químicas pesadas, ha significado, por una parte, el inicio de la destrucción de una riqueza tradicional como la pesquera, una de las primeras de España, tanto en calidad como en cantidad, y por otra la creación de unas condiciones de urbana y contaminación ambiental, que hubieran podido sino impedirse totalmente si limitarse, mediante la creación de los instrumentos de depuración adecuados y la selección y diferenciación espacial de los núcleos a industrializar, actualmente excesivamente concentrados en las mismas márgenes del estero Tinto-Odiel y en la natural área de expansión urbana onubense, carretera Huelva-Sevilla (15). Esta situación puede considerarse, hasta cierto punto, aunque en mucho menor grado, que caracteriza a todos los núcleos fabriles andaluces, como resultado de una total inadecuación entre las exigencias de la defensa del medio ambiente y el limitado aunque creciente desarrollo de la industria. Y, en especial afecta al triángulo fabril Sevilla-Cádiz-Huelva, único que por otra parte parece, por el momento, poder convertirse aunque sea a largo plazo en el corazón industrial no solo de

Andalucía sino de todo el Mediodía español. Aunque, eso sí, con una característica esencialmente urbana ya que hasta ahora la industria aparece estrechamente ligada a los núcleos urbanos, únicos que en realidad alcanzan un cierto nivel industrial. Con ello en Andalucía se dan condiciones muy similares a las existentes en los países en desarrollo o subdesarrollo, con una casi total conexión entre el proceso industrialización y la expansión urbana. Así, las soluciones pueden ser muy similares, de auténtica ordenación territorial en la que se consideren no solo las necesidades de creación y progreso fabril sino su adecuación a las posibilidades reales de las regiones donde se está llevando a cabo la implantación industrial, incluida la adecuada defensa legal y técnica del medio ambiente en el que esos recursos están contenidos (16).

Si la industrialización andaluza, pese a sus últimos logros, es limitada, la significación de los servicios y su creciente importancia es fundamental en el crecimiento económico andaluz de los últimos años. Supera en valor de su producto bruto a los otros dos sectores y sólo cede en número de personas ocupadas, aunque con tendencia a igualarla y superarla, al sector rural. En cierta forma, el volumen alcanzado por el sector terciario parece un tanto excesivo y no guarda relación con las auténticas necesidades regionales, lo cual es también otro índice de subdesarrollo. Sin embargo, uno de sus sectores esenciales, el turístico, tiene en sí mismo una fuerza que le concede a Andalucía un papel esencial, hecho que es lógico dadas las excelentes condiciones de índole física -clima excelente y bellísimos paisajes -e histórica-riqueza monumental y folklórica-, y que sitúa a nuestra región en el tercer lugar nacional por el número de visitantes, por el número de plazas hoteleras y extrahoteleras y por su cada vez mayor relación con el mundo del ocio europeo. Ahora bien, su significación turística, no detenida aunque sí afectada por la crisis del petróleo, no implica un total y adecuado aprovechamiento, y sí un excesivo desequilibrio regional que se halla unido a una fuerte dependencia financiera y administrativa de intereses ni siquiera nacionales dominados po. el interés inmediato y la especulación más estricta y más desenfrenada. Ello es evidente en una mera observación superficial de la Costa del Sol, que concentra el turismo andaluz, y, en especial, de la malagueña, donde no obstante existen excepciones que denotan las posibilidades que un desarrollo turístico ordenado y bajo control pudiera significar para el futuro económico regional y, más aún, para la defensa de un medio ambiente que es, además, la base en la que ese mismo turismo se apoya. La masividad de la zona turística, verdadera muralla de cemento y hierro, que está amenazando incluso no solo la naturaleza en su sentido paisajístico más estricto sino las mismas condiciones de los microclimas que constituyen la primera base de la atracción turística, va acompañada en muchos casos por una falta de planeamiento a largo y medio plazo que implica la falta de una auténtica infraestructura viaria y sanitaria asi como de unos servicios complementarios, imprescindibles en una actividad basada en el cultivo del ocio como es el túrismo, y que son el origen de los dos problemas más graves que tiene el turismo andaluz, la estacionalidad y la dependencia del exterior (17).

El desarrollo del turismo, a diferencia del proceso de industrializador, ha creado un nuevo paisaje urbano, que tiene su mejor ejemplo en esa *"conurbanización"* que con centro en Málaga se extiende por el E. hasta Torre del Mar y por el O. hasta Marbella, y que irradia, con menor entidad, por el piedemonte penibético hasta la serie de pequeñas ciudades de cornisa -Benalmádena, Mijas, Ojem-, antiguos centros de esta región antes del *"boom"* turístico. En ambos casos, industria y turismo son la base de una creciente expansión urbana, que está acogiendo, en una primera etapa, a una buena parte del absentismo rural que caracteriza a la sociedad andaluza actual. Al lado del millón de emigrantes que, en los últimos años, han abandonado Andalucía y que proceden en su mayor parte del campo, debe destacarse el hecho del crecimiento constante de todas las ciudades de más de cien mil habitantes y la formación, en torno a los principales centros urbanos andaluces, de un cinturón suburbano cada vez mayor y cada vez con mayor número de problemas, entre los que no son los menos importantes la formación de un lumpemproletariado afectado por el subconsumo y el paro encubierto, y viviendo en condiciones de salubridad que no son siempre las más adecuadas. A su lado, los viejos cascos urbanos, pertenecientes a las ciudades más antiguas y, a menudo, más bellas y atractivas monumentalmente de España, se ven afectados por una contaminación y una congestión que, en ocasiones, tiene poco que envidiar a las más contaminadas y congestionadas ciudades de la Europa industrial. Con la diferencia que, en nuestro caso, se trata de urbes que, de origen romano o medieval, musulmán o cristiano, no fueron pensadas para el modo de vida actual en el que el automóvil es un protagonista agobiante y polucionador, a pesar de que en muy pocas ocasiones su uso no es realmente útil sino más bien un lujo o una costumbre superflua (18). Por todo ello, quizás sea en las ciudades donde el problema de conservación del medio ambiente haya adquirido mayor entidad y urgencia, habiendo provocado casi siempre unas necesidades de evasión hacia el exterior, en busca de unas áreas verdes de expansión normal inexistentes en su interior, y origen, como resultado de la especulación consiguiente, de una ocupación de las áreas rurales inmediatas que se caracteriza, a menudo, por la improvisación y por la destrucción de los paisajes más bellos y de los recursos naturales de una región todavía, sin embargo, abundantes en ellos. En esta especulación dominante, hay que tener en cuenta que la construcción ha sido, bien por el desarrollo del turismo, o por la expansión urbana más o menos artificial, casi la única actividad rentable de los últimos años, al menos para los limitados y poco arriesgados capitales locales, incapaces por otra parte por sí solos de las empresas iniciadas y realizadas, no con menor afán de lucro inmediato, de los capitales exteriores. En este sentido, convendría recordar, para valorar exactamente lo que significa esa ocupación extensiva del suelo andaluz en las inmediaciones de los núcleos urbanos, y el ejemplo de Granada es muy aleccionador (19), que, en Andalucía, pese a la existencia de las mayores reservas naturales de España aún no se ha constituido ni un solo Parque Nacional, cuando sus posibilidades e, incluso, su necesidad es evidente, y que en ningún caso los Cotos Nacionales, las Reservar Naturales o los Sitos de Interés Nacional, como Cazorla, el Coto Doñana o el Torcal, pueden constituir, pese a su gran valor e indudable interés, una solución suficiente.

En fin, para terminar, si el problema de la protección del *"medio ambiente"* no ha adquirido en Andalucía la generalidad y la urgencia que en otras regiones españolas, lo que no excluye su gravedad en determinados núcleos urbanos o en específicas comarcas, y por tanto su imprescindible planteamiento y solución en tales puntos, se debe ante todo a que por su menor desarrollo, sobre todo de carácter industrial, la penetración de los elementos contaminantes no se ha generalizado, existiendo todavía muchas áreas cuya salvación es posible si se actúa a tiempo. Ahora bien, quizás, su misma condición de región en desarrollo no ha permitido crear una adecuada conciencia de defensa de ese mismo *"medio ambiente"*, dominante en los paises más desarrollados, en muchos casos porque las exigencias del desarrollo pueden oscurecer la capacidad concienciadora y en otros porque el ansia especuladora adormece muchas conciencias. Sin embargo, dadas las reales posibilidades de crecimiento que en el futuro puede tener nuestra región, parece imprescindible partir de un planteamiento sereno y global del binomio desarrollo-medio ambiente, que permita, en una auténtica ordenación del territorio, para la que todavía estamos a tiempo si consideramos a la región como un conjunto, una utilización equilibrada y adecuada de las muchas posibilidades existentes. En ese sentido, pudieramos terminar pensando que, en los países donde el desarrollo especulador y destructor no ha llegado a triunfar plenamente, como en casi todas las regiones del mundo que, como Andalucía, solo están en el inicio de ese camino, no sería difícil aplicar aquellas palabras de Philippe Saint Marc: *"El mundo se le entrega a la Humanidad para que se eleve sobre si misma, no para matarlo y matarse"*. Y quizás, para conseguir esa utopía, continua el mismo Saint Marc, *"la única oportunidad de salvar la vida sobre la Tierra es socializar la Naturaleza"* (20). En todo caso, el día de mañana es la nada o la luz para la Humanidad, un final o un amanecer.

NOTAS

(1) *"Méditerranée. Peninsules Méditerranéennes".* 1º *"Generalités",* en *"Géographie Universelle"* dir. por P. Vidal de la Blache y L. Gallois, París, A. Colin ,1934, VII, 1, pág. 2.

(2) BOSQUE MAUREL, J.- *"Geografía Urbana de Granada".* Zaragoza, Instituto de Geografía Aplicada, 1962, y *"Granada. La tierra y sus hombres".* Granada, Departamento de Geografía, 1971.

(3) *"Socialización de la Naturaleza".* Madrid, Guadiana de Publicaciones, 1972, pp. 36-39.

(4) Vid. por ejemplo, *"La acción del hombre y el medio geográfico".* Barcelona, Península, 1970 y *"L'environnement",* Col. Que sais-je? nº 1450, París, P:U:F:, 1971.

(5) DUMONT, R.- *"L'Utopie ou la mort".* París, Seuil, 1973; GOLDSMITH, E. y otros.- *"Manifiesto para la supervivencia".* Madrid, Alianza, 1972; MEADOWS, D. y otros.- *"Los límites del crecimiento".* México, Fondo de Cultura Económica, 1972; MESAROVIC, M. y PESTEL, E.- *"La Humanidad en la Encrucijada".* Madrid, Instituto de Estudios de Planificación, 1975; SAINT-MARC, Ph.- *"Socialización de la Naturaleza".* Madrid, Guadiana, 1972, y WARD, B. y DUBOS, R.- *Una sola Tierra".* México, Fondo de Cultura Económica, 1972.

(6) PECCEI, A. y KING, A.- *"Comentario"* en «La Humanidad en la Encrucijada», pp. 249 y 250. Vid. también PECCEI, A.- *"La calidad humana".* 1. Informes al Club de Roma. Madrid, Taurus, 1977, pág. 115.

(7) «La definición básica del estado de equilibrio global consiste en que la población y el capital sean esencialmente estables, y las fuerzas que tiendan a aumentarlos o disminuirlos mantegan un equilibrio cuidadosamente controlado». MEADOWS, D. y otros.- *"Los límites del crecimiento";* pág. 214.

(8) Vid. más adelante, *"Situación geográfica y marco físico en la vida económica andaluza",* pp:

(9) ROUX, B.- *"La Sierra Morena: víctima del desarrollo capitalista".* Información Comercial Española, nº 503, julio 1975, pp. 34-47 y VALLE BUENESTADO, B. del.- *"Los cotos de caza en la Sierra Morena cordobesa".* V Coloquio de Geografía. Granada, 1978.

(10) VILLEGAS MOLINA, F.- *"Obras hidráulicas y nuevos regadíos en el Valle del Guadalquivir".* En «José Manuel Casas Torres (1944-1969). Veinticinco años de docencia universitaria. Homenaje a una labor». Zaragoza, 1972, pp. 385-398, y GARCIA SALVADOR, R. y otros.- *"Cazorla y Segura".* Madrid, Instituto de Estudios Jienenses y Confederación de Cajas de Ahorros, 1976.

(11) ZOIDO NARANJO, F.- *"Isla Mínima. Aspectos geográfico-agrarios del arrozal sevillano".* Sevilla, 1973, y RUBIO REGIO, J.M.- *"El Parque*

Nacional y las reservas biológicas de las Marismas del Guadalquivir. Situación y problemas''. Rev. Estudios Geograficos, XXXVII, 1976, pp. 105-111.

(12) BOSQUE MAUREL, J. y VILLEGAS MOLINA, F.- *''Ciudad y Urbanismo en Andalucía Oriental''*, en «Jornadas sobre Economía Andaluza, Marzo de 1978», Instituto de Desarrollo Regional de la Universidad de Sevilla (en prensa).

(13) BOSQUE MAUREL, J.- *''Subdesarrollo e industrialización: el ejemplo de Andalucía''*. Homenaje a D. Manuel de Terán, I. Est. Geográficos, XXXVI, 1975, pp. 107-124 y *''Desarrollo desigual y proceso industrializador en Andalucía''*. I Jornadas de Geografía de Fundación Universitaria Española, Madrid (en prensa).

(14) LOZANO MALDONADO, J.M.- *''La industrialización reciente del Campo de Gibraltar''*. Información Comercial Española, nº 507, 1975, pp. 102-112; TREVIJANO MOLINA, S. y otros.- *''Huelva y su desarrollo económico''*. Rev. Financiera del Banco de Vizcaya, Diciembre 1966; RODRIGUEZ SANCHEZ DE ALVA, A.- *''Aspectos del sector industrial andaluz''*. Inf. Comercial Española, nº 503, julio 1975, pp. 62-75; GARCIA DIAZ, M.- *''El Polo de Desarrollo de Granada''*. Seminario de Estudios de la Caja de Ahorros de Granada, 1975; CASADO RAIGON, J.M.- *''La política de acción regional en España: Los Polos de Desarrollo y especial referencia al caso de Córdoba''*. Sevilla, Instituto de Desarrollo Regional, 1977.

(15) *''Huelva, más gases tóxicos que puestos de trabajo''*. País, 11 de febrero de 1978.

(16) III PLAN DE DESARROLLO. *''Ponencia sobre Medio Ambiente''*. Madrid, 1971.

(17) VILLEGAS MOLINA, F.- *''El turismo en Andalucía. Areas y consecuencias''*. Información Comercial Española, nº 507, 1975, pp. 113-122, GAVIRIA, M.- *''Ecologismo y ordenación del territorio en España''*. Madrid, Edicusa, 1976.

(18) SECO DE LUCENA, L. y otros.- *''Testimonio de Granada''*. Cuadernos de Arte de la Universidad de Granada, XI, 1974.

(19) BOSQUE MAUREL, J.- *Análisis geográfico de Granada y Málaga''*. I Centenario de la Real Sociedad Geográfica de Madrid, 1977. (en prensa).

(20) *''Socialización de la Naturaleza''*, pág. 372.

INDICE

ALJIBE

Colección: Andalucía, libre.
Director: Antonio Burgos.

1. Andalucía, Campo de trabajo y represión, A. Ramos Espejo.
2. Las elecciones generales de 1977 en Andalucía, Antonio Checa.
3. Donde acaba Andalucía, Víctor Márquez Reviriego.
4. La verdad sobre el complot de Tablada y el Estado libre de Andalucía, Blas Infante Pérez.
5. Andalucía en la revolución nacionalista, José María de los Santos.
6. Andalucía: Estudios de Geografía Agraria, Joaquín Bosque Maurel.
7. Andalucía francamente mal, Francisco Martinmorales (en preparación).

Colección: Papeles del Pueblo Andaluz.
Directores: Pope Godoy y J.M. García Mauriño.

1. Los andaluces paraos, Pope Godoy y J.M. García Mauriño.
2. Archidona, radiografía de un pueblo andaluz, Manuel Hernández.
3. Las reformas agrarias en Andalucía, Arturo González Arcas (en preparación).
4. Luchas populares en el Llano de Zafarraya, (Colectivo) (en preparación).

Colección: Andaluces en la Historia.
Directores: Francisco Gutiérrez Contreras y Antonio Checa.

1. Blas Infante, la forja de un Ideal Andaluz, J.A. Lacomba.
2. Fermin Salvochea, de R. Rocker y Federica Montseny (en prensa).

Colección: El Suspiro del Moro.
Director: José Heredia Maya.

1. Cancionero, Carlos Cano.
2. Homenaje a Blas Infante, J. Heredia Maya (en preparación).
3. Coplas carceleras, Paco Moyano (en preparación).